钢吊车梁系统疲劳诊治

Evaluation and Strengthening of Fatigue
Performance for Steel Crane Girders System

岳清瑞　幸坤涛　郑　云　著

中国建筑工业出版社

图书在版编目（CIP）数据

钢吊车梁系统疲劳诊治 = Evaluation and Strengthening of Fatigue Performance for Steel Crane Girders System / 岳清瑞，幸坤涛，郑云著 .—北京：中国建筑工业出版社，2016.11

ISBN 978-7-112-20037-5

Ⅰ.①钢… Ⅱ.①岳…②幸…③郑… Ⅲ.①工业建筑—钢结构—疲劳—研究 Ⅳ.①TU391

中国版本图书馆CIP数据核字（2016）第255784号

本书介绍了我国工业建筑钢结构及其疲劳研究的发展概况和工业建筑钢结构疲劳诊治的基础理论（如线性损伤累积、疲劳断裂力学等），提出了钢吊车梁疲劳动态可靠性分析模型和寿命预测方法，重点阐述了工业建筑钢结构常见构件如钢吊车梁、吊车肢柱头等的疲劳诊治技术和方法，首次提出了碳纤维复材（CFRP）加固钢结构疲劳的创新成果。

责任编辑：率　琦
责任校对：焦　乐　张　颖

钢吊车梁系统疲劳诊治

Evaluation and Strengthening of Fatigue Performance for Steel Crane Girders System
岳清瑞　幸坤涛　郑　云　著

*

中国建筑工业出版社出版、发行（北京海淀三里河路9号）
各地新华书店、建筑书店经销
北京京点图文设计有限公司制版
北京利丰雅高长城印刷有限公司印刷

*

开本：787×1092毫米　1/16　印张：15½　字数：285千字
2017年2月第一版　2017年7月第二次印刷
定价：**128.00**元
ISBN 978-7-112-20037-5
（29515）

作者简介

　　岳清瑞于 1988 年 5 月进入冶金工业部建筑研究总院工作，历任结构所副所长、所长，总院副院长、院长等职，兼任国家工业建筑诊断与改造工程技术研究中心主任、国家钢结构工程技术研究中心主任、全国建筑物鉴定与加固标准技术委员会副主任委员、中国钢结构协会会长、中国土木工程学会混凝土及预应力混凝土分会纤维增强复合材料（FRP）及工程应用专业委员会主任委员、国际土木工程复合材料学会理事（Council Member of the International Institute for FRP in Construction）、《工业建筑》编委会主任等。

　　岳清瑞长期从事科研工作，主持完成 16 项 863、科技攻关（支撑）等国家重点科研项目，获得国家科技进步二等奖 3 项，省部级科技特等奖 3 项、一等奖 2 项、二等奖 3 项。主编《工业建筑可靠性鉴定标准》等系列结构诊治标准规范 19 部；出版专著 2 部；发表论文百余篇，其中被 SCI/EI 收录 22 篇；培养博士和硕士 17 人。

幸坤涛 博士，教授级高级工程师，国家一级注册结构工程师。从事工程结构抗震、钢结构疲劳可靠度、既有建（构）筑物检测、鉴定与加固改造研究。承担工程结构诊治项目 200 余项，发表学术论文 24 篇，先后获得中冶集团科学技术特等奖 2 项、二等奖 1 项，北京市科学技术一等奖 1 项，中国钢结构协会科学技术二等奖 1 项。

郑云 博士，教授级高级工程师，国家一级注册结构工程师。长期从事工程结构检测鉴定及加固改造的研究和工程实践，完成国家及省部级科研项目 10 项，参与编制国家及行业标准 7 部，获得发明及实用新型专利授权 10 项，发表学术论文 40 余篇，成果先后获得中冶集团科学技术特等奖、北京市科学技术一等奖等省部级奖励 8 项。

序

工业建筑是工业生产的基础条件，我国工业建筑中钢结构所占比例超过50%，尤其是近年来，钢结构厂房已成为新建工业建筑的主体。我国钢结构工业建筑量大面广、种类繁多，使用时间跨度大、使用环境恶劣、超载超限超时使用普遍，由于强度、疲劳和失稳等原因导致厂房安全事故时有发生。因此，对在役工业建筑钢结构进行诊治（检测、评估、加固与修复），在保证安全的情况下尽可能延长使用周期，是工程技术人员一项十分紧迫的任务。

疲劳破坏对工业建筑钢结构的安全性危害极大。随着钢结构在重工业领域的应用，钢结构疲劳研究越来越引起重视并逐步深入，其中钢吊车梁系统的疲劳诊治成为研究的重点之一。但国际上没有专门针对既有工业建筑诊治和可靠性评定的技术标准，最主要的指导性文件是国际标准《结构可靠性总原则》ISO 2394和《结构设计基础——既有结构的评定》ISO 13822。

我国关于工业建筑诊治的研究始于冶金、机械等重工业系统，主要研究机构包括原冶金工业部建筑研究总院、原西安冶金建筑学院、清华大学等单位，标志性研究成果是1990年实施的《工业厂房可靠性鉴定标准》，该标准奠定了我国工业建筑可靠性鉴定的基础体系和方法。岳清瑞率领其团队长期致力于工业建筑结构诊治的理论与试验研究、技术开发和工程应用工作，特别是在钢吊车梁系统疲劳诊治方面，积累了丰富的科研与工程实践成果，形成了自己的研究特色。

这本专著《钢吊车梁系统疲劳诊治》正是岳清瑞及其团队科研成果的结晶。本书介绍了我国工业建筑钢结构及其疲劳研究的发展概况和工业建筑钢结构疲劳诊治的基础理论，提出了钢吊车梁疲劳动态可靠性分析模型和寿命预测方法，重点阐述了工业建筑钢结构常见构件如钢吊车梁、吊车肢柱头等的疲劳诊治技术和方法，首次提出了碳纤维复材（CFRP）加固钢结构疲劳的创新成果。

本书是一本具有较高理论价值和极强实用价值的著作，弥补了我国在工业建筑钢结构疲劳诊治领域的不足，对我国工业建筑钢结构疲劳性能研究与诊治工作将起到极大的指导与推动作用。

中国工程院院士　周绪红

2017 年 2 月 10 日

前　言

　　我国工业建筑经历了从以木结构、砌体结构、混凝土结构为主到以钢结构为主的转变，而且随着工业化、信息化和建筑工业化的发展，钢结构在工业建筑中所占的比重正逐年增大。我国钢产量已经20多年保持世界第一，钢结构的整体技术已处于国际先进水平，2016年我国钢结构产量约6000万吨，占全年钢材产量11.38亿吨的5.3%左右，产业规模全球第一，其中用于工业建筑的钢结构占比近30%。

　　钢结构疲劳问题的发现已超过100年，尤其是在普遍采用焊接技术后，焊接影响区疲劳问题更为突出；对工业建筑而言，大量钢吊车梁所处环境恶劣、负荷大且承受往复动载，出现事故的概率更大，疲劳断裂的事故时有发生，极大地影响着安全生产，同时极易造成次生灾害，经济损失巨大。

　　疲劳评估就是要预测结构或构件的疲劳寿命和安全服役时间。虽然经过100多年的研究和探索，钢结构疲劳寿命的精确预测仍十分困难，主要是由于以下的随机与不确定性造成的：①在材料方面，微观组织的不均匀性、内部缺陷的随机分布和加工工艺的偶然影响；②在构件方面，几何尺寸偏差、应力集中、表面缺陷和加工精度等的不确定性；③在荷载和抗力方面，荷载作用效应和构件疲劳抗力的随机性，这些因素导致疲劳评估的偶然性和离散型很大。除以上因素外，典型工业环境的影响、工业生产的连续性、工业建筑钢结构的复杂应力状态等因素，也使钢结构疲劳评估的难度加大，这也从理论和技术上给工业建筑钢结构高效疲劳加固提出了更高的要求。

　　鉴于国内尚无工业建筑钢吊车梁系统疲劳诊治方面的论著，著者在总结近30年工业建筑钢结构"诊"、"治"两方面科研成果和工程实践的基础上撰写本书，旨在为相关学者、工程技术人员提供参考。

　　本书分为四篇：

　　第一篇为概述与基础理论，介绍了我国工业建筑钢结构及疲劳研究的历程、钢吊车梁系统疲劳事故调查，分析了钢吊车梁系统疲劳诊治的重点部位、构件，阐述了钢吊车梁系统疲劳研究的基础理论和方法。

第二篇为"诊"——钢吊车梁系统疲劳鉴定，主要阐述了钢结构疲劳动态可靠性分析模型、工业建筑钢结构疲劳评估和寿命预测方法以及基于可靠度理论的极限状态疲劳设计方法等。

第三篇为"治"——钢吊车梁系统疲劳加固，详细介绍了碳纤维复材（CFRP）加固钢结构疲劳的试验研究成果，阐述了其加固机理、寿命评估方法及施工工艺等。

第四篇为钢吊车梁系统诊治技术综合应用，详细介绍了钢结构疲劳评估方法和加固技术在变截面钢吊车梁端部、实腹式钢吊车梁上翼缘附近、钢柱吊车肢柱头等构件或部位的综合应用。

由于水平所限，本书中难免会有不足和不妥之处，希望同行专家不吝指教！

著　者

2017 年 2 月

目　录

第三篇
"治"——钢吊车梁系统疲劳加固

第四篇
钢吊车梁系统诊治技术综合应用

第一篇
概述与基础理论

第1章 概述

　　工业建筑是指为人们从事各类生产活动服务的建筑物和构筑物，主要包括工业厂房、烟囱、料仓、水塔、通廊等，其服役环境复杂多变、结构种类繁多、数量巨大，在国民经济发展中起着重要的基础保障作用。工业厂房是工业建筑的主体，其主要承重结构包括基础、柱、吊车梁、屋盖和围护结构等；吊车梁是工业生产的"生命线"，近年来工业厂房内绝大部分采用钢吊车梁系统，而钢吊车梁系统是工业建筑钢结构疲劳破坏的典型代表。

1.1　我国工业建筑钢结构发展概况

　　钢铁结构在我国有悠久的使用历史，据史料记载，早在西汉时期和公元1世纪就建造了陕西汉中攀河铁索桥和兰津桥。现存最早的铁索桥是四川大渡河泸定桥，建于1705年，现仍在使用。继铁索桥后出现了钢铁结构的铁塔，如湖北当阳玉泉寺铁塔（1061年）、江苏镇江甘露寺铁塔（1078年）和山东济宁铁塔寺铁塔（1105年）等，而我国近现代意义上的钢结构使用是在19世纪近代工业引入的进程中出现的。

　　1. 新中国成立前

　　我国近代工业始于1860年的"洋务运动"，生产工艺以国外引进为主，规模小、产量低、布局极不合理。工业建筑没有自成体系的建造技术和规范标准，带有半殖民地和鲜明引进国的特点，如新中国成立前东北遗留的工业建筑以日、苏式厂房为主，东部沿海、长江流域多以美、英、法、德式厂房为主等。

　　随着西方近代工业的引入，以钢结构为主要承重构件的工业建筑逐步进入中国，"洋务运动"中建造的枪炮局、船政局等一些工业厂房内采用了铸钢桁架、吊车梁、柱及牛腿（如图1-1），但数量十分有限。

　　近代中国的第一家钢厂是1890年张之洞创办的汉阳铁厂，但由于各方面的限制和长期的战乱，全国钢产量一直徘徊不前且波动巨大。1908年盛宣怀奏请清政府批准合并汉阳铁厂、大冶铁矿和萍乡煤矿，成立汉冶萍煤铁厂矿有限公司，到1911年该公司员工7000多人，年产钢近7万t，占当时全国年钢产量90%以上；

1921 年，中国钢产量 7.7 万 t，为北洋时期最高年产量；国民政府时期及抗战期间钢产量最大的是 1943 年的 92.5 万 t。

图1-1　马尾造船厂的钢柱、钢吊车梁、钢牛腿（建于1866年）

由于钢材极其短缺，新中国成立前的工业建筑以石木、砌体结构为主，混凝土结构很少，钢结构的工业建筑数量更是有限。相对而言，钢结构工业建筑建造规模较大的是在东北逐步发展起来的重工业，如本溪钢厂（1905 年）、鞍山钢厂（1916 年）、抚顺钢厂（1937 年）、沈阳皇姑屯机车厂（1927 年）等，其炼钢、轧钢、铸钢等车间采用了铆接钢结构格构式厂房柱、实腹吊车梁和桁架式屋架。

2. 新中国成立初期（20 世纪 50 年代~ 60 年代前期）

1949 年新中国成立，百废待兴，当时钢产量很低，1949 年全国粗钢产量仅为 15.8 万 t，1950 年为 60.6 万 t，1959 年经 10 年发展粗钢产量增加到 1387 万 t，虽然 10 年时间钢产量增加了 20 倍以上，但由于总体数量有限，采用钢结构建造建筑物仍是严格限制的，除国家重点工程（如人民大会堂局部采用了 60m 跨度的钢桁架）可以采用局部钢结构外，其他建筑物均以混凝土和砌体结构为主。

建国初期我国没有自成体系的建筑标准规范，主要借鉴苏联规范，虽然 1954 年颁布了《钢结构设计规范试行草案》（规结 4—54），该规范草案也是依据苏联 1946 年规范制定的；1955 年我国又推行了苏联《钢结构设计规范》（НиТУ121—55），致使我国自行编制的《钢结构设计规范试行草案》（规结 4—54）基本未推行使用；20 世纪 60 年代，我国还曾组织北京工业建筑设计院（现中国建筑设计院有限公司）、清华大学、同济大学、天津大学等单位编制钢结构设计规范，并于 1964 年完成，但由于历史原因未能获准颁布。

《钢结构设计规范试行草案》（规结 4—54）采用基于经验的容许应力设计法，容许应力取为钢材屈服强度除以安全系数，要求构件或连接的设计应力不超过容许应力；1955 ~ 1974 年间推行的苏联《钢结构设计规范》（НиТУ121—55），采用包括超载系数、匀质系数和工作条件系数等三个系数的极限状态设计法，各系数由对钢材强度和风、雪等荷载的概率分析得到。

20世纪五六十年代，我国优先发展重工业，以苏联援助我国的156个工业项目为基础，按照行业成立了冶金、机械、电力、汽车制造等一系列工业设计院、施工建设队伍等，建造了一大批工业项目，包括冶金（鞍山钢铁公司、本溪钢铁公司扩建、抚顺铝厂、吉林铁合金厂、北满钢厂、包头钢铁公司、承德钢铁公司、武汉钢铁公司等），重型机械（哈尔滨电机厂、哈尔滨汽轮机厂、中国一重、内蒙古第一机械厂、内蒙古第二机械厂等），汽车（长春第一汽车制造厂、洛阳一拖等），电力（丰满发电厂、抚顺发电厂、阜新发电厂、包头第一热电厂、株洲电厂等）……经新中国成立初期10余年的发展，基本建立了我国的工业体系，也奠定了我国工业发展的基础。

由于条件限制，新中国成立初期建造的这些工业项目中工业建筑主要采用混凝土和砌体结构，一些大跨度和重型厂房，如钢厂中的炼钢、轧钢、铸钢厂房等，机械厂中的水压机、锻造厂房等，电厂中的锅炉钢架等，也采用了一定数量的钢结构，当时钢结构以铆接为主，包括铆接柱、铆接吊车梁和铆接屋架、托架等，结构整体的安全度比较高。

3. 调整发展期（20世纪60年代中后期~70年代末）

经过新中国成立后"一五"（1953～1957年）和"二五"（1958～1962年）两个发展计划，我国在各方面均有了一定的基础，1966年粗钢产量达到1532万t，到1971年突破2000万t为2132万t，1978年突破3000万t达到3178万t。但整体来讲，钢材还是十分紧缺的，因此倡导节约钢材，甚至限制钢材使用，钢结构用于建筑工程的数量依然很少。

经过工程技术和研究人员的不懈努力，由北京钢铁设计院（现中冶京诚工程技术有限公司）牵头，会同清华大学等10余家单位开展了大规模的规范课题研究和规范编制工作，于1974年颁布了《钢结构设计规范》TJ 17—74，该规范以极限状态为依据，经对荷载系数、材料系数和调整系数分析后，用单一安全系数的容许应力设计法进行结构计算，该设计方法形式上与容许应力法基本相同，是一种基于半概率半经验的设计方法。《钢结构设计规范》TJ 17—74是我国真正意义上的第一代钢结构设计规范，解决了设计规范的有无问题和钢结构设计的基本技术问题，培养了一批钢结构设计规范编制和钢结构工程技术人才，为我国钢结构研究打下了良好基础，是我国钢结构发展史上一个重要的里程碑。

1965年"三线"建设拉开帷幕，1966年全面展开并与第三个五年计划合并执行。"三线"建设的重点项目有：攀枝花、酒泉、武汉、包头、太原等五大钢铁基地以及为国防服务的10个迁建和续建项目；煤炭工业重点建设贵州省的六枝、水城和盘县等12个矿区；石油工业重点开发四川省的天然气；机械工业重点建设为军工服务的四川德阳重机厂、贵州轴承厂、东风电机厂等。由于"三线"建设大多地处偏远，交通不便，且集中建设，建造的工业建筑仍以混凝土结构和砌体结构为主，部分重型厂房如水压机厂房等采用钢结构。

由于倡导节约材料，开发出了冷弯薄壁型钢、钢拉杆组合屋架、折线形吊车梁、钢轨吊车梁等结构承重构件，并在上海、十堰等地建造了大量的厂房、仓库，这些工业建筑中由于耐久性和安全性问题，普通使用年限比较短，其中大部分早已退出使用；网架结构在这一时期开始出现并使用，20世纪60年代上海首先建成了钢板节点的网架，后焊接空心球网架节点研制成功，推动了网架结构的快速发展；同时焊接结构逐步替代了铆接结构，高强螺栓开始使用，使钢构件的制作和现场安装施工更方便、更高效；20世纪70年代中后期，随着武钢一米七轧机工程、宝钢等一批工业项目的上马，H型钢、压型钢板、圆弧吊车梁、门式钢架等一批新型结构或结构构件开始在我国工业建筑钢结构工程中使用。

4. 快速发展期（20世纪80年代~90年代）

1980年我国粗钢产量为3712万t，其后逐年平稳快速增长，到1996年突破了1亿t，达到10124万t，钢产量持续稳定上升，钢种和产品逐步优化，高强螺栓、镀锌钢板、轧制H型钢等逐步实现国产化，为钢结构的大规模使用和发展创造了基本条件。

20世纪80年代，北京钢铁设计研究总院（现中冶京诚工程技术有限公司）组织全国几十个单位开展理论和试验研究，对《钢结构设计规范》TJ 17—74进行了全面修订，于1988年颁布了《钢结构设计规范》GBJ 17—88。《钢结构设计规范》GBJ 17—88采用以一次二阶矩概率理论为基础的极限状态设计法，用分项系数设计表达式进行结构承载力计算；该规范适应了我国钢结构快速发展的需求，满足了一定时间内钢结构设计和施工的要求。

由于钢产量逐年提高和大规模引进工艺进行技术改造，各大钢厂、机械制造企业都对现有工业建筑进行了扩建和挖潜改造，工业建筑朝着大规模（单体厂房超过30万m²）、超高（超过60m）、大跨（60m）、大吊车吨位（450t以上，最大可达700t以上）等方向发展。此外，大面积的围护结构采用彩色涂层压型钢板或铝合金压型板，工业建筑大跨度屋盖除采用角钢桁架外也部分采用了平板焊接球或螺栓球网架，主要承重厂房柱开始使用钢管混凝土柱等新型结构，吊车梁主要采用直或变截面实腹简支钢吊车梁，空间结构如网壳、悬索结构、组合结构等逐步发展并投入工程实践，轻钢结构发展很快，特别是门式刚架房屋，在仓库、冷藏库、车库、轻工等建设中得到推广应用。

5. 高速发展期（2000 年以后）

2000 年我国粗钢产量为 12850 万 t，钢材产量达 13146 万 t；2015 年粗钢产量为 80383 万 t，钢材产量达 112350 万 t；2016 年粗钢产量为 80837 万 t，钢材产量达 113801 万 t。钢产量飙升，钢材质量不断提高，品种逐步改良，出现耐候钢和高强钢等新品种。

自 20 世纪 90 年代以后，建筑钢结构工程实践的快速发展对《钢结构设计规范》GBJ 17—88 提出了多方面的修订要求，1997 年北京钢铁设计研究总院会同国内 15 家单位成立规范修订组，启动对《钢结构设计规范》GBJ 17—88 的全面修订，2003 年颁布了《钢结构设计规范》GB 50017—2003。《钢结构设计规范》GB 50017—2003 采用与《钢结构设计规范》GBJ 17—88 相同的设计方法，在钢材上采用了与国际接轨的质量要求和表示方式，进一步提高了钢材强度，增加 Q420 钢，既满足了我国工程建设的需求，又使我国钢材的品种和质量基本上能与国际保持对应关系，为我国钢结构行业进一步拓展国际市场奠定了技术基础。

2000 年之后我国钢结构工程发展之快、范围之广是空前的。2007 ～ 2016 年，我国钢结构产量平均年增长 20% 左右，据不完全统计，2016 年全国钢结构产量超过 6000 万 t，占钢材产量的 5.27%，我国钢结构行业整体发展已达到国际先进水平，产业规模与钢铁一样全球第一。从用量比例上看，在所有钢结构中，建筑钢结构占比 60%，为钢结构最主要应用领域，非标设备钢结构占比 19%，桥梁占比 10%，塔桅占比 6%，其他类占比 5%。建筑钢结构中，工业厂房应用量占比 47%，高层超高层钢结构占比 23%，大跨度公共建筑占比 16%，多层钢结构占比 14%；由此推算在所有钢结构中，工业建筑的占比最大约为 28%，年用钢量在 1400 万 t 以上。

这一时期建造的工业建筑中钢结构厂房面积已经超过 50%，新型高强钢、耐候钢等逐步进入工程实践，并逐步推广应用；空间结构如网架、网壳等，轻钢和重钢结构在工业建筑中应用继续扩大，尤其是门式刚架厂房发展最快；实腹梁屋面结构、管桁架结构、新型铝镁锰屋面板等开始在工业建筑钢结构厂房内推广使用；金属压型板和金属夹芯板大规模应用于工业厂房，混凝土墙板、砌体墙等围护结构逐步退出使用。新型空间结构开始得到应用，如张弦梁、张弦桁架、弦支穹顶等，但主要用于体育馆、会展中心等公共建筑。

随着生产工艺的换代升级和人们对绿色建筑需求的不断增强，对工业建筑有了更高的要求，这种要求主要体现在新技术、新材料、新理论的应用上，使得工业建筑钢结构更加节能、绿色、洁净，更加符合人性化设计趋势，新建设的工业建筑钢结构更加趋向于轻质高强、大跨度、大空间、多层、多功能、智能化、人性化等方向发展。

1.2　我国工业建筑钢结构疲劳研究概况

1. 工业建筑钢结构疲劳研究的发展

新中国成立前我国工业建筑中采用钢结构十分有限，少量工业厂房采用钢结构主要采用铆接结构，其疲劳性能较好，同时受到当时工艺限制（采用平炉和电炉炼钢），吊车吨位和运行频繁程度都比较有限，工业建筑钢结构疲劳问题不突出，未见相关工业建筑钢结构疲劳研究的成果和资料。

新中国成立初期我国优先发展重工业，随着冶金、机械、电力等行业的建设和运行，重级工作制吊车作用下的吊车梁和有悬挂吊车的屋架、钢结构平台和高炉上料斜桥等钢结构构件的疲劳问题逐步暴露，针对工业建筑钢结构的疲劳研究逐步展开。

我国开展工业建筑钢结构疲劳研究的单位主要有中冶建筑研究总院有限公司（1955 年成立时名为重工业部建筑科学研究所，后曾更名为冶金工业部建筑研究总院、中冶集团建筑研究总院）、太原理工大学（原太原工学院）、清华大学、中冶赛迪工程技术股份有限公司(原重庆钢铁设计研究总院)、西安建筑科技大学(原西安冶金建筑学院）等。由于重工业系统尤其是冶金系统工业建筑钢结构疲劳问题比较突出，中冶建筑研究总院有限公司比较系统地开展了工业建筑钢结构疲劳研究：

（1）第一阶段（1955～1974 年）

中冶建筑研究总院有限公司从建院伊始即从材料、构件和容许应力等层面对疲劳问题开展系统研究，初期研究主要集中于吊车梁，包括混凝土吊车梁和钢吊车梁，其中涉及钢结构的疲劳研究资料包括：

1960 年，韩学宏等完成了"国产 16Mn 低合金钢抗疲劳性能研究"；

1965 年，郑淑媛、段树鑫等完成了"16MnCu 母材性能和疲劳强度试验研究"；

1965 年，陆宗菁、李超华等完成了"16 锰钢吊车梁疲劳试验研究"；

1966 年，15MnV 吊车梁实验组完成了"15 锰钒 6160 吊车梁疲劳试验研究"；

1972～1974 年，陈有成先后完成"苏联钢结构规范有关计算公式的推导及存在的问题及我国钢结构规范疲劳条款"、"国外钢结构疲劳设计条例（译稿）"、"疲劳强度计算及疲劳容许应力"等研究；

根据以上疲劳研究成果编写了《钢结构设计规范》TJ 17—74 中钢结构疲劳的相关规定条文；

1978 年，由俞国音执笔完成《钢结构疲劳资料汇编》，包括钢结构疲劳基本概念和 16Mn 钢、15MnV 钢、3 号钢疲劳试验研究、焊接吊车梁的疲劳强度、16Mn 钢连接疲劳设计取值等，汇总了 1974 年以前主要的钢结构疲劳研究成果。

（2）第二阶段（1975～1988 年）

1976 年，原冶金部立项"钢结构疲劳性能研究"，项目负责人为俞国音和贺贤娟，针对《钢结构设计规范》TJ 17—74 中遗留问题开展研究，主要研究内容包括 A3 号钢疲劳试验、吊车梁下翼缘实际工作应力测定等，启动对设计规范修编的研究工作；

1980 年，立项"钢结构疲劳断裂性能试验研究"，项目负责人为何文汇，开展 16Mn 母材、焊缝、熔合线及热影响区疲劳裂缝扩展速度测定试验、钢结构各类连接形式的应力分析和应力强度因子有限元计算，建立各类连接寿命强度计算方法；

1979 年，李继读完成"焊接实腹吊车梁疲劳断裂的探讨"；

1980 年和 1982 年，以科技成果报告形式发布"多层翼缘板焊接梁的静力和疲劳性能研究"、"16Mn 钢疲劳裂缝扩展速率及其在钢结构疲劳性能分析中的应用研究"；

1981 年，俞国音、丁斌彦、曹新明等人完成"焊接钢结构的残余应力及其对疲劳性能的影响研究"、何文汇完成"疲劳裂缝扩展规律及随机载荷作用下的计算机模拟"；

1982 年，李秀川完成"变幅荷载作用下焊接钢结构疲劳寿命的计算"；

1982～1983 年间，曹新明、俞国音等完成"摩擦型高强螺栓连接疲劳性能研究"；

1983 年，俞国音出版《钢结构疲劳设计的趋向》一书，系统介绍了钢结构疲劳设计的基本理论和方法；

曹新明和俞国音于 1986 年发表了《栓接疲劳强度的因素及设计》，提出了螺栓连接的疲劳性能评价和设计方法；

缪兆杰、何文汇于 1982 年完成"随机疲劳过程中高低载荷相互作用效应"，发表《随机荷载作用下钢结构疲劳寿命的计算方法》，提出了随机荷载下钢结构疲劳寿命的计算方法；

1981～1988 年间，周凤珍、张玉璞等人完成"焊接桁架式钢吊车梁下弦及腹杆的疲劳性能研究"、杨建平完成"大跨度桁架式钢吊车梁下弦节点的承载力与疲劳性能研究"、陈雪民和俞国音等完成"桁架式钢吊车梁补强加固和疲劳寿命预测研究"，形成了桁架式钢吊车梁疲劳评估、寿命预测和加固的系列成果；

1985 年，杨建平完成"方管 K 形焊接结点的极限强度与疲劳强度"；

1987～1989 年间，何文汇完成"T 形管接头疲劳性能研究"；

徐永春、何文汇于 1989 年发表了《板厚对焊接接头疲劳强度的影响》，分析了影响焊接接头疲劳强度的因素；

以上研究基本解决了《钢结构设计规范》TJ 17—74 遗留的问题，为《钢结构设计规范》GBJ 17—88 以应力幅为准则的疲劳强度设计提供了技术依据。

（3）第三阶段（1988～2003 年）

1988 年，立项"冶金工厂厂房钢结构的安全评定和加固技术"，负责人俞国音、郭寓岷，主要研究内容包括外形缺陷对结构计算的影响及构件的允许偏差、现有结构的功能评定及测试手段、在役结构的承载能力评定和加固措施等；

1990 年，林良贵、陆宗菁等完成"09CuPTiRe 钢焊接基本数据手册 -09CuPTiRe 钢疲劳特性试验研究"；

1992 年，何文汇、徐永春完成"焊接残余应力和应力腐蚀研究"；

1993 年，俞国音等完成"武钢三炼钢工程 16MnDL 钢厚板吊车梁的焊接试验与疲劳性能研究"；

1996 年，根据"冶金工厂厂房钢结构的安全评定和加固技术"研究成果编制《钢结构检测评定及加固技术规程》YB 9257—96；

对《钢结构设计规范》GBJ 17—88 相关条文进行修改完善，形成了《钢结构设计规范》GB 50017—2003 相关疲劳计算的规定。

（4）第四阶段（进入 21 世纪后）

中冶建筑研究总院有限公司对工业建筑钢结构疲劳的研究延续至今，进入 21 世纪后针对钢结构疲劳寿命评估、动态可靠度、变截面吊车梁、吊车肢柱头等展开理论和试验研究，提出了动态可靠性分析模型、疲劳评估方法和碳纤维加固钢结构疲劳的新方法，解决了一系列涉及工业建筑钢结构疲劳的技术问题。

2.《钢结构设计规范》中关于疲劳相关规定的发展

（1）《钢结构设计规范试行草案》（规结 4—54）采用应力比准则计算疲劳容许应力，不考虑结构构造，但采用相同的公式计算，由于该规范草案试用时间较短，影响有限。

（2）《钢结构设计规范》TJ 17—74 在疲劳验算方面结合试验资料，给出了 A3 号钢和 16 锰钢包括 5 种铆钉连接形式等 19 种不同连接形式的计算参数，仍采用容许应力，应用最大应力计算公式，其计算主要围绕重级工作制吊车梁设计，应用范围受限。

（3）《钢结构设计规范》GBJ 17—88 扩展了疲劳计算的内容，同时为适应焊接结构在钢结构中日趋增多的情况，将疲劳计算改用为应力幅准则，并将连接形式调整为 8 类；将《钢结构设计规范》TJ 17—74 以应力比准则为基础的疲劳设计改为以应力幅为准则的疲劳强度设计，按常幅疲劳和变幅疲劳分别进行计算，与国际通用规则接轨，奠定了钢结构疲劳设计的基本理论和方法。

（4）《钢结构设计规范》GB 50017—2003 延续了《钢结构设计规范》GBJ 17—88 的基本理论和方法，调整不大，仅将应进行疲劳计算的应力循环次数由 10^5 次降低到大于等于 5×10^4 次，对不同钢种采用了相同的计算公式和参数，将"构件与连接分类"表中项次 5 "梁翼缘连接焊缝附近主体金属"的类别作了补充和调整。

1.3　钢吊车梁系统

吊车梁是用于专门运行厂房内部吊车的梁。吊车梁上设有吊车轨道，吊车通过轨道在吊车梁上往复行驶，实现被运输物体的三维运动。吊车梁一般安装在厂房上部厂房柱牛腿或肩梁上，是工业厂房中最为重要的构件之一。

1.钢吊车梁系统

钢吊车梁系统通常是由吊车梁（或者吊车桁架）、制动结构、辅助桁架（视吊车吨位、跨度大小确定）及支撑（水平支撑和垂直支撑）等构件组成，见图 1-2。

跨度和吊车起重量较小的钢吊车梁，采用三块板焊接而成工字型截面，如图 1-2（a）所示。对于吊车起重量 >10t、柱距 >6m 的吊车梁，由于吊车横向水平力的作用，需要在吊车梁的上翼缘平面设置水平制动结构，如边梁或辅助桁架，如图 1-2（b）、图 1-2（c）、图 1-2（d）、图 1-2（e）所示，将横向水平力通过制动结构传递给厂房柱。

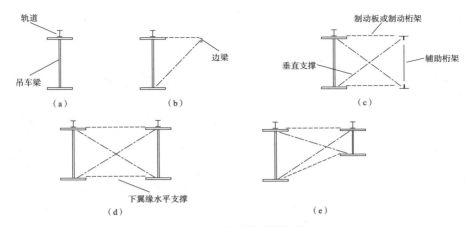

图1-2　钢吊车梁系统组成

2. 钢吊车梁类别

（1）钢吊车梁按支撑条件可分为简支梁、连续梁及框架梁

简支梁设计、施工简便，工程中采用较多，如图1-3所示。

连续梁虽较简支梁省钢材（约10%～15%），有较好的竖向刚度，但是对支座沉降敏感，而且传力途径较简支梁复杂，尤其是在考虑疲劳问题时，故该类钢吊车梁宜用于地基较好且疲劳问题不突出的轻工业厂房。

框架梁是将吊车梁与柱在纵向构成单跨（或多跨连续）刚架，这种梁用钢量较少，纵向刚度好，但构造及施工较复杂，对基础有附加水平力，故仅当在一列柱上不能布置柱间支撑时才考虑采用。事实上，以前某些钢结构厂房中还可以看到采用连续梁作为钢吊车梁的情况，现在绝大部分厂房都采用简支梁作为钢吊车梁，框架梁几乎不再采用。

（2）钢吊车梁按连接方法可分为焊接梁、铆接梁

焊接梁（如图1-3所示）制作方便，使用较为可靠，应用最为普遍。

铆接梁（如图1-4所示）耗钢量大（实腹铆接梁比焊接梁多用钢材约25%～30%）、制作费工、制作时产生的噪声较大，近年来已较少采用。

（3）钢吊车梁按截面形式可分为型钢梁、组合工字型梁、箱形梁（或者双腹板梁）以及撑杆式、桁架式、托架-吊车梁合一式等。

（4）钢吊车梁按轨道位置可分为上行式吊车梁和轨道放在靠近吊车梁下翼缘（或下弦）处的下行式吊车梁。下行式吊车梁构造及受力均较为复杂，故仅用于当梁跨度很大、为了减少吊车梁的高度或者利用托架作吊车梁的情况。

此外，由于生产工艺的需要和厂房柱制作的标准化，配置有很多变截面

吊车梁，常用的变截面钢吊车梁形式有梯形过渡式、圆弧过渡式和直角突变式等。

图1-3　简支焊接钢吊车梁

图1-4　铆接钢吊车梁

3. 吊车分级

《起重机设计规范》GB/T 3811—2008 将吊车工作制划分为 A1~A8 级，如表 1-1 所示。一般情况下，轻级工作制相当于 A1~A3 级，中级工作制相当于 A4~A5 级，重级工作制相当于 A6~A8 级，其中 A8 属于特重级（冶金厂房内的夹钳、料耙等硬钩吊车）。

吊车工作级别 　　　　　　　　　　　　　　　　　　　　　　　　　表 1-1

工作级别	工作制	吊车种类举例
A1~A3	轻级	①安装、维修用的电动梁式吊车； ②手动梁式吊车； ③电站用软钩吊车。
A4~A5	中级	①生产用的电动梁式吊车； ②机械加工、锻造、冲压、钣金、装配、铸工（砂箱库、制芯、清理、粗加工）车间用的软钩桥式吊车。
A6~A8	重级	①繁重工作车间、仓库用的软钩桥式吊车； ②机械铸工（造型、浇注、合箱、落砂）车间用的软钩桥式吊车； ③冶金用软钩桥式吊车； ④间断工作的电磁、抓斗桥式吊车。
A8	特重级	①冶金专用（如脱锭、夹钳、料耙、锻造、淬火等）桥式吊车； ②连续工作的电磁、抓斗桥式吊车。

4. 吊车荷载

吊车梁主要承受吊车的竖向和横向荷载，一般由工艺设计人员提供吊车起重量数据及其吊车级别。对于一般吊车的技术规格可按产品标准选用。对于特殊吊车或无产品标准时，可按照图 1-5、表 1-2 的要求，由所订购的起重机械制造厂提供数据。

吊车梁承受的主要荷载包括：

① 吊车的竖向荷载标准值为吊车的最大轮压或最小轮压；

② 吊车的横向水平荷载标准值，应取横向小车重量与额定起重量之和的某一百分数，并乘以重力加速度；

③ 吊车纵向水平力荷载标准值，应按作用在一边轨道上所有刹车轮的最大轮压之和的 10% 采用，该荷载的作用点位于刹车轮与轨道的接触点，其方向与轨道方向一致；

④ 作用在吊车梁走道板上的活荷载，一般可取为 2.0kN/m²；当有积灰荷载时，按实际积灰厚度考虑，一般为 0.3 ~ 1.0kN/m²。

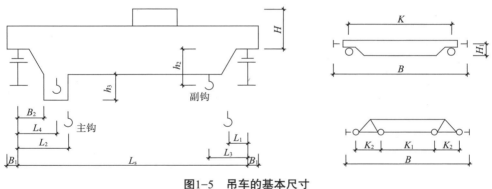

图1-5 吊车的基本尺寸

在计算吊车梁由于竖向荷载产生的弯矩和剪力时，应考虑轨道及其固定件、吊车制动结构、支撑系统以及吊车梁的自重等。在吊车梁上有其他设备时，其荷载效应应予以叠加；如果吊车梁处于高温区或者受有震动荷载，应考虑温度及震动引起的内力。

《钢结构设计规范》GB 50017—2003 规定计算吊车梁或吊车桁架的强度、稳定以及连接的强度时，应采取荷载设计值（荷载标准值乘以荷载分项系数），计算疲劳和正常使用状态的变形时，应采用荷载标准值；对于直接承受动力荷载的结构：在计算强度和稳定性时，动力荷载设计值应乘动力系数；在计算疲劳和变形时，动力荷载标准值不乘动力系数；计算吊车梁或吊车桁架及其制动结构的疲劳和挠度时，吊车荷载应按作用在跨间内荷载效应最大的一台吊车确定。

《钢结构设计规范》GB 50017—2003 规定计算重级工作制吊车梁（或吊车桁架）及其制动结构的强度、稳定性以及连接（吊车梁或吊车桁架、制动结构、柱相互间的连接）的强度时，应考虑由吊车摆动引起的横向水平力（此水平力不与荷载规范规定的横向水平荷载同时考虑），作用于每个轮压处的水平力标准值可按吊车最大轮压标准值乘以系数（对一般软钩吊车取 0.1，抓斗或磁盘吊车宜采用 0.15，硬钩吊车宜采用 0.2）确定。

吊车规格技术资料表　　　　　　　　　　　　　　　　表 1-2

吊车台数	吊车起重量		吊车跨度 S	工作制级别	极限位置				主要尺寸									重量		轮压		推荐采用的大车轨道
					吊钩至轨道中心的距离				吊车轮距			吊车最大宽度	轨道中心至吊车外端距离	轨道顶面至吊车顶端距离	轨道中心至缓冲器距离	操作室底面至操纵室外侧距离	操作室底面至大梁底面距离	小车重量	吊车总重量	最大轮压	最小轮压	每侧制动轮数
	主钩	副钩			主钩	主钩	副钩	副钩														
	Q				L_1	L_2	L_3	L_4	K	K_1	K_2	B	B_1	H	H_1	B_2	h_3	g	G	P_{max}	P_{min}	
	t		m		mm													t		kN		

1.4　钢吊车梁系统疲劳事故调查及分析

1.4.1　国外钢吊车梁系统疲劳事故调查

工业建筑钢结构疲劳研究是随着工业建筑钢结构疲劳事故的发生而发展起来的，由于欧美、日本和苏联等国家或地区工业化比较早，其钢结构疲劳研究由来已久，各国关于疲劳调查的统计方法和重点虽有所不同，但调查结果都表明工业建筑钢结构疲劳问题主要集中在钢吊车梁系统。

1. 苏联钢吊车梁系统疲劳损坏调查

莫斯科古比雪夫建筑工程学院金属结构教研室于 1965～1977 年期间曾对 20

个冶金厂的 66 个车间的 164 跨厂房结构进行调查，发现吊车梁系统是结构中破坏最严重的，具体情况如下：

吊车梁系统损坏的重要原因是在吊车的周期作用及设计上对疲劳重视不够、施工偏差大、超负荷使用等，使吊车梁腹板与上翼缘连接区域受力复杂，投入使用不久即出现疲劳裂缝。在重级和特重级工作制厂房的吊车梁使用 3～5 年后就不得不报废。疲劳破坏往往出现在支座区域、加劲肋附近及上翼缘与腹板连接处；简支梁比连续梁破坏更严重。

苏联出现典型疲劳损坏的例子是亚速钢厂均热炉车间、钢坯库和轨梁轧钢厂房，该厂在 1948 年建成，部分区域设置有特重级工作制吊车，使用一年后出现严重的缺陷。1951 年年底和 1952 年年初重级工作制吊车梁上开始出现破损，无论焊缝还是钢材本身均出现了裂缝，且裂缝数量随时间而增加。裂缝主要出现在支座区域、加劲肋附近及上翼缘与腹板连接处。制动结构及吊车梁与柱子的连接节点处于繁重的工作条件下，其破坏也具有明显的疲劳特征。

2. 美国钢吊车梁疲劳裂缝调查

美国 20 世纪七八十年代调查结果（如表 1-3 所示）表明，钢吊车梁的裂缝分为两类：一是在中间加劲肋处的腹板裂缝；二是加劲肋之间的腹板与翼缘贴角焊缝开裂。腹板裂缝起源于连接加劲肋与腹板的垂直贴角焊缝端点处，多半是沿水平方向扩展，与上翼缘平行，有时进入腹板内。贴角焊缝开裂起源于中间加劲肋之间贴角焊缝的某个缺陷处，然后穿过焊缝高度并沿焊缝长度扩展。

美国钢吊车梁缺陷出现在不同部位的概率（%）　　　　表 1-3

裂缝位置	简支梁			连续梁		
	支座区	中间区	跨中区	支座区	中间区	跨中区
加劲肋与上翼缘焊缝	20.0	22.8	18.3	19.0	18.7	15.5
腹板与上翼缘焊缝	10.6	7.4	8.5	5.9	4.0	4.8
上翼缘	6.5	4.7	6.4	2.0	3.5	1.7
腹板	9.7	11.2	12.3	3.6	7.7	3.3
加劲肋	8.7	16.5	11.3	2.6	7.5	3.6
端加劲肋与上翼缘焊缝	4.3	—	—	0.8	—	0.7
加劲肋与腹板焊缝	15.7	9.3	8.3	0.8	—	—
其他	—	—	—	0.8	0.8	0.8

3. 日本钢吊车梁系统疲劳损坏调查

日本对工业建筑的使用年限有比较严格的限制，在实行比较严格的限制前，其钢结构疲劳问题也时有发生，调查、研究主要集中在 20 世纪六七十年代，工业建筑钢结构疲劳问题减少后的技术资料很少。表 1-4 为日本部分调查结果。

日本钢吊车梁系统疲劳损坏调查表　　　　　　　　　　　　表 1-4

序号	厂区	吊车吨位及台数	吊车种类或用途	建厂时间（年）	发现时间（年）	次数（×10⁵次）	破损或断裂位置
1	炼钢厂	60t×2台 60t×2台	脱锭	1966	1971	2.6	下弦水平支撑
2	炼钢厂	90t×1台 45t×1台	脱锭	1970	1974	2.1	下弦水平支撑、垂直支撑
3	炼钢厂	60t×2台 60t×2台	脱锭	1966	1974	4.1	肩梁下吊车肢
4	炼钢厂	90t×1台 45t×1台	脱锭	1970	—	2.1	抗风柱与辅助桁架连接处
5	炼钢厂	270/50t×1台 70/70t×1台	出钢	1967	1974	7.2	垂直支撑
6	炼钢厂	25t×2台	悬挂	1968	1975	2.3	上翼缘与腹板连接焊缝
7	炼钢厂	70/50t×1台 70/70t×1台	出钢	1967	1975	8.2	肩梁下吊车肢
8	炼钢厂	25t×2台	悬挂	1968	1975	—	吊车桁架斜腹杆
9	炼钢厂	90t×1台 45t×1台	脱锭	1969	1975	2.16	垂直支撑、辅助桁架杆件
10	线材厂	3t×3台 10t×1台	抓斗桥式	1960	1965	3.6	上弦水平支撑、铆接梁连接铆钉
11	转炉车间	20t×3台 45t×1台	脱锭	1961	1974	4.7	吊车桁架斜腹杆
12	初轧厂	10/25t×3台	钳式	1965	1973	1.1	实腹梁变截面焊缝及腹板
13	炼钢厂	20t×1台 120t×1台	脱锭出钢	1961	1972	1.68	吊车桁架斜腹杆与节点板连接处
14	初轧厂	10/25t×3台	钳式	1965	1973	1.1	实腹梁腹板
15	厚板车间	15t×1台	电磁	1957	1972	2.5	实腹梁下翼缘与加劲肋连接处
16	初轧厂	10/25t×3台	钳式	1965	1973	11	实腹梁端部上翼缘
17	初轧厂	40t×2台	脱锭	1956	1970	1.0	上翼缘与腹板连接处
18	初轧厂	12t、8t、7.5t、18/10t×2台	桥式抓斗	1964	1974	5.9	上翼缘与腹板连接处，吊车桁架斜腹杆与节点板连接处
19	初轧厂	40t×2台	脱锭	1956	1970	1.0	上翼缘与腹板连接处

序号	厂区	吊车吨位及台数	吊车种类或用途	建厂时间（年）	发现时间（年）	次数（×10⁵次）	破损或断裂位置
20	脱锭车间	30t×1台	桥式	1965	1972	0.1	实腹梁腹板
21	初轧厂	7.5t×1台 18/10t×2台	桥式抓斗	1964	1974	5.9	纵向连接螺栓全部松动
22	炼钢厂	100t×1台	出钢	1959	1972	1.2	上翼缘与腹板连接处
23	带钢厂	5t×2台 6t×2台	桥式	1968	1973	4.39	实腹梁端部连接螺栓松动
24	炼钢厂	42t×1台 52t×2台	脱锭	1961	1968	5.67	实腹梁端部连接螺栓松动
25	初轧厂	30/10t×2台	桥式	1963	1975	2.0	实腹梁腹板
26	高炉	50t×1台	圆形	1967	1974	5.3	实腹梁腹板对接焊缝
27	炼钢厂	120t×1台 110t×1台	出钢	1940	1968	1.07	吊车桁架斜腹杆
28	炼钢厂	140t×2台 20t×1台	出钢废钢	1968	—	4.4	肩梁处螺栓松动，焊缝开裂
29	初轧厂	14t×2台	脱锭	1940	1974	4.29	吊车桁架斜腹杆与节点板连接处
30	炼钢厂	140t×2台	出钢	1968	1974	—	上弦水平支撑
31	初轧厂	12t×2台	脱锭	1940	—	4.29	上弦水平支撑与辅助桁架连接处
32	初轧厂	26t×1台 35t×2台	抓斗桥式	1960	1971	2.26	吊车桁架斜腹杆连接板
33	初轧厂	12t×2台	脱锭	1940	1974	4.1	铆接梁腹板端部
34	均热炉	26t，23t，18t×2台	脱锭	1941	1960	1.4	吊车桁架斜腹杆与节点板连接处
35	初轧厂	12t×2台	脱锭	1940	1972	3.8	吊车桁架刚性上弦
36	厚板厂	30t×1台 20t×2台	桥式	1958	1970	3.6	吊车桁架刚性上弦
37	初轧厂	12t×2台	脱锭	1940	—	3.8	吊车桁架斜腹杆与节点板连接处
38	炼钢厂	21t×2台	抓斗	1942	1975	6.3	铆钉松动
39	初轧厂	40t×5台	脱锭	1968	1974	—	吊车桁架垂直支撑与节点板连接处
40	轧管	5t×4台	抓斗	1952	1973	3.19	腹板
41	轧钢厂	14t×2台	单脚高架	1965	1970	0.9	实腹梁上翼缘与腹板连接处
42	初轧厂	14t×2台	脱锭	1940	1974	—	吊车桁架斜腹杆与节点板连接处
43	初轧厂	12t×2台	脱锭	1970	—	4.3	吊车桁架垂直支撑
44	炼钢厂	170t×2台 138t×2台	出钢	1960	1971	7.2	铆接梁腹板

1.4.2　我国冶金企业钢吊车梁系统疲劳调查

新中国成立后很长一段时期内，由于对钢结构疲劳认识不足，设计和建造技术水平有限，基本未考虑钢结构的疲劳控制和设计，导致冶金企业中均热炉车间、板坯库、原料跨等吊车运行频繁车间出现了比较普遍的钢结构疲劳开裂。20世纪八九十年代以后，随着冶金工艺换代升级而实施的技术改造，平炉炼钢改为转炉炼钢，炼钢车间增加了吹氩气等精炼工艺，冶金企业的工作负荷不断提高，吊车运行频繁程度不断增加；随着炼钢炉的炉容增大，吊车吊重成倍增大，重级工作制吊车最大达到550t，使冶金企业的吊车梁和柱子系统不堪重负；同时在工业建筑设计中也采用了一些新的结构形式如圆弧过渡式和直角突变式吊车梁，其疲劳性能也受到了高负荷、大吨位吊车的考验，导致直接受到吊车运行影响的吊车梁和吊车肢柱头等构件或部位出现了一系列疲劳问题。

下面给出一些我国冶金企业的钢吊车梁系统疲劳工程实例，为总结钢吊车梁系统疲劳问题的特点提供依据。

第一类：吊车梁本体开裂

例1：湖北大冶某钢厂均热炉车间——上翼缘与腹板连接焊缝处开裂

（1）概况：全钢结构厂房，1960年建成投入使用，长180m，跨度32m，内设起重量10/10t硬钩钳式吊车3台，吊车自重114.8t，小车自重31.4t，吊车自重产生的轮压占90%以上，吊车梁始终处于满负荷工作状态。

（2）轨道及吊车运行情况

①轨道对吊车梁腹板中心的偏心为19mm，轮压对轨道中心最大偏心值为11.5mm；

②吊车梁受荷次数平均为20次/小时，则16年内循环达2×10^6次以上，上部区域所受局部荷载循环达8×10^6次；

③啃轨严重，1977年更换新轨道后至1982年，轨顶宽度因啃轨减小了8mm。

（3）疲劳破坏情况

1976年发现16根5m跨的实腹式焊接工字型吊车梁上翼缘与腹板连接焊缝及腹板上部有纵向疲劳裂缝，最长长度达到1320mm。

对16根已破坏吊车梁裂缝位置和数量进行统计表明：裂缝基本沿全梁出现，跨中加劲肋处裂缝最多，上翼缘与腹板连接焊缝处裂缝基本与梁纵轴平行，腹板上裂缝与上翼缘相交2°~19°，其数量比焊缝数量少。

例2：鞍山某初轧厂均热炉车间——铆接吊车桁架上弦纵向开裂

（1）概况：约建于1930年，设5/10t钳式硬钩吊车，采用铆接吊车桁架。

（2）疲劳破坏情况

吊车桁架上弦两端出现纵向裂缝，1977年大修更换了上弦，更换后又出现裂缝，1978年将吊车桁架更换。出现裂缝的34根吊车桁架大致有两种类型：一是工字钢上弦的下翼缘与腹板开裂，裂缝宽度5mm，长度达460mm；二是上翼缘与工字钢角焊缝开裂，长度达1900mm，严重者上翼缘板翘起。

例3：武汉某炼铁厂干煤棚——吊车梁下翼缘断裂

（1）概况：建于20世纪80年代初，跨度为33m，采用实腹式工字型变截面钢吊车梁，设3台起重量为5t的桥式抓斗吊车，轨顶标高14m。

（2）疲劳破坏情况

①2011年1月7日，吊车正常运行时，B/22～23轴吊车梁突然断裂（见图1-6）；

②B/18～19吊车梁下翼缘开裂，裂缝已向腹板延伸。

第二类：制动系统疲劳破坏

例4：北京某850初轧厂均热炉车间——制动系统损坏严重

图1-6　B/22~23轴吊车梁突然断裂

（1）概况：建于1969年，内设起重量10/30t硬钩钳式吊车，特重级工作制；吊车梁为实腹焊接，跨度12m。

（2）疲劳破坏情况

①吊车啃轨严重，轨道需要每年更换；

②吊车梁制动系统损坏严重，1981年被迫全面加固：吊车梁支座连接螺栓共100个，其中39个松动，19个断裂，松动和断裂占总数的58%；吊车梁纵向连接螺栓共184个，其中37个松动，60个断裂，松动和断裂占总数的53%；制动板与柱的连接螺栓断裂和松动占总数的50%左右。

第三类：钢柱吊车肢柱头开裂

例5：上海某一炼钢主厂房——钢柱吊车肢柱头开裂

（1）概况：该厂1985年建成投产，设1台450/80t吊车、3台440/80t吊车和2台430/80t吊车，吊车的最大轮压在530～544kN之间。厂房柱下柱柱肢和部分上柱采用SM50钢，下柱腹杆、柱间支撑和部分上柱采用SM41或SS41钢，这些厂房柱主要采用H型钢制作。

（2）疲劳破坏情况

2002年发现多层平台周围区域7根钢柱吊车肢柱头出现开裂，裂缝均出现在吊车肢柱头加劲板下端的 H 型钢翼缘板上；裂缝的形式为水平向上开展，且贯穿翼缘板厚，裂缝长度约 20 ~ 80mm；大多数柱头仅发现有一条裂缝，B11 轴处柱头有两条裂缝。

第四类：吊车桁架疲劳开裂

例 6：上海某初轧厂均热炉车间——吊车桁架开裂

（1）概况：1962 年建成投产，年产量约 40 万 t，最高年产量达到 49.27 万 t。设有 14 座均热炉、2 台 5t 和 1 台 10t 钳式特重级工作制硬钩吊车，共有 11 榀 15m 跨吊车桁架。

（2）疲劳破坏情况

由于承载能力不足在使用过程中出现破损，吊车桁架于 1963 年、1965 年、1967 年、1983 年和 1988 年先后进行了五次改造加固。

2001 年 6 月检查发现 G 列 4 榀桁架的上弦杆有 8 处裂缝（见图 1-7），裂缝出现在工字型截面上弦杆加劲肋与上翼缘板的连接焊缝及其附近腹板处，最长裂缝的长度约为 900mm。

图1-7　吊车桁架上弦杆（焊接工字钢）疲劳裂缝

第五类：综合疲劳破坏

例 7：鞍山某二初轧厂均热炉车间——螺孔开裂、制动系统杆件断裂、下翼缘及腹板开裂

（1）概况：约建于 1955 年，设 10/20t 钳式吊车，采用实腹铆接钢吊车梁。

（2）疲劳破坏情况

①螺孔、下翼缘和腹板开裂：1977 年发现 Ж 列吊车梁损坏严重，对其中已破坏不能继续使用的 12 根吊车梁全部拆除更换：螺栓孔处出现横向贯穿裂缝，裂缝宽度 0.05 ~ 1mm；铆钉脱头，上翼缘 140 个铆钉中有 43 个脱头，占 30.5%；梁下翼缘角钢及腹板断裂，最大宽度达 15mm，腹板内开裂长度达 950mm；梁上

翼缘角钢根部一侧出现纵向贯穿裂缝，宽度达 0.1~1mm，长度达 4000mm。

②吊车梁制动结构破坏严重：投产后，每次大修都要补充 1000 多个铆钉；西侧吊车梁系统损坏多处，尤其在 75m 延长部分破损达 54 处，其中水平和垂直连接板各断裂 6 处、辅助桁架腹杆断裂 15 处、垂直支撑断裂 18 处、上翼缘角钢和制动桁架各断裂 2 处、柱头角钢断裂 1 处、吊车梁角钢断裂 4 处、其他部位 8 处。

例 8：武汉某初轧厂均热炉车间——上翼缘与腹板连接焊缝处开裂、制动系统断裂

（1）概况：设 5/20t 钳式吊车 4 台，采用实腹铆接吊车梁，1970 年扩建延长的 42t 厂房采用焊接 24m 和 2×12m 连续箱形吊车梁。

（2）疲劳破坏情况

①铆接吊车梁的加劲肋附近腹板上出现裂缝，采用钢板补焊于裂缝处；在操作频繁区段约 50m 范围内吊车梁的横向加劲肋冷弯处出现裂缝；

②铆钉孔处纵向裂缝；

③水平制动桁架铆钉松脱和剪断，水平制动桁架腹杆断裂；

④扩建部分投产 5 年后制动桁架杆件断裂 14 处，连接铆钉 70% 松动。

例 9：武汉某一炼钢主厂房——吊车梁断裂、螺栓松动、焊缝开裂

（1）概况：始建于 1958 年，1959 年 9 月一号平炉出钢，厂房铸锭跨（A~B 跨）跨度 22m，设 8 台 350t 桥式软钩吊车，A 列全部为铆接实腹吊车梁；1998 年实施平炉改转炉工程，对部分厂房结构进行了改造和扩建（B1~B2/72~112、C~D/1~28 区域），其承重结构主要采用钢结构格构式柱、焊接工字型钢吊车梁、桁架式屋架或实腹梁。

（2）疲劳破坏情况

①吊车梁断裂：1996 年 3 月 39 轴线附近 7 跨连续吊车梁在吊车空驶通过时出现断裂；

②连接：竖向连接隔板螺栓松动、断裂；吊车梁支座与柱连接螺栓松动；制动板与柱连接板焊缝开裂；

③制动系统断裂：垂直支撑和水平支撑杆件断裂。

例 10：武汉某热轧厂钢坯库 CD 跨——上翼缘与腹板连接焊缝处开裂、制动系统断裂

（1）概况：该厂房结构分两次建成：一期（1~28 轴）建于 1978 年，二期（010~1 轴）建于 1984 年。CD 跨跨度 42m，跨内设 4 台 90t 软钩吊车，采用实

腹式 24m 及 12m 焊接工字型简支钢吊车梁。

（2）疲劳破坏情况

①吊车梁（C/11～13 和 D/12～13、D/14～15、D/18～19）靠近上翼缘与腹板连接焊缝附近局部出现水平裂缝，裂缝长度为 150～300mm，见图 1-8；

②吊车运行繁忙区域 11～20 轴 50% 以上的吊车梁均不同程度地出现横向加劲肋与上翼缘连接焊缝开裂现象；D 列 15～16 轴吊车梁焊缝开裂情况最多，9 根横向加劲肋中有 6 处出现焊缝开裂，且两侧加劲肋均开裂；

③吊车梁上翼缘与柱的连接板断裂（见图 1-9）；吊车梁制动板与柱连接、竖向垂直隔板与柱连接、支座连接螺栓、辅助桁架与柱连接等出现不同程度的损坏。

图1-8　吊车梁腹板与上翼缘连接焊缝开裂

图1-9　吊车梁上翼缘与柱连接板断裂

例 11：太原某二炼钢主厂房——上翼缘与腹板连接焊缝处开裂、圆弧端焊缝开裂

（1）概况：该厂房由 AB 跨（加料跨）、BC 跨（转炉跨）、CD 跨（精炼跨即电炉和 AOD 炉跨）、DE 跨（铸钢跨）四跨组成，始建于 1966 年，1969 年竣工，1970 年正式投产使用，1985～1989 年进行扩建。采用钢吊车梁系统，部分采用简支圆弧端钢吊车梁。

（2）疲劳破坏情况

①吊车梁上翼缘与腹板连接多处严重疲劳开裂，裂缝长度最大达 1000mm；

②圆弧端吊车梁圆弧处焊缝开裂严重（见图 1-10），制动系统及相关连接断裂。

例 12：武汉某大型厂、轧板厂钢坯库厂房——上翼缘与腹板连接焊缝处开裂、垂直支撑断裂

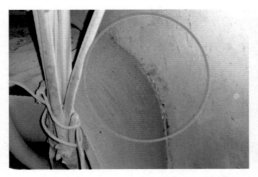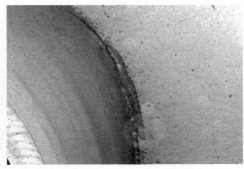

图1-10 吊车梁圆弧端焊缝开裂

（1）概况：钢坯库厂房分两期建成，261～311 区域建于 1960 年，253～261、311～319 区域建于 1972 年，原建与扩建厂房结构基本相同；该厂房 24m 跨度吊车梁和 291～311 线间为铆接工字型吊车梁，其余均为 12m 焊接工字型吊车梁；厂房内共有吊车 12 台：75t 中级工作制软钩吊车 2 台和 15t 超重级工作制硬钩耙式吊车 10 台。

（2）疲劳破坏情况

①垂直支撑断裂，见图 1-11；

②铆接吊车梁铆钉断裂、脱头，见图 1-12；

③44 根焊接吊车梁中有 27 根出现腹板与上翼缘焊缝附近开裂（见图 1-13，统计结果见表 1-5），其中开裂最严重的吊车梁是 HN 跨 N 列 277～279，焊缝开裂共 9 处，总长达 4820mm。

图1-11 垂直支撑断裂，铆钉孔开裂   图1-12 铆钉断裂、脱头

图1-13 吊车梁腹板与上翼缘连接焊缝处开裂

P~H/261~291 区域 12m 焊接吊车梁开裂统计   表 1-5

序号	跨别	轴线	开裂处数	开裂长度（mm）
1		P/261~263	2	390，320
2		P/265~267	2	260，500
3		P/271~273	1	1200
4		P/277~279	2	580，520
5		P/279~281	2	320，220
6	PN跨	N/261~263	1	280
7		N/269~271	1	200
8		N/271~273	不详，检查时已做完应急处理，无法检查	
9		N/277~279	5	310，350，120，230，320
10		N/285~287	2	800，1100
11		N/289~291	3	250，130，700
12		N/261~263	1	200
13		N/263~265	1	230
14		N/265~267	3	630，180，200
15		N/267~269	1	680
16		N/269~271	4	400，270，350，240
17		N/271~273	7	270，230，150，630，260，180，670
18	HN跨	N/277~279	9	1430，1000，280，550，700，160，500，70，130
19		N/279~281	2	130，450
20		N/287~289	1	450
21		H/261~263	2	210，100
22		H/263~265	3	130，120，170
23		H/265~267	1	220
24		H/269~271	3	110，100，70

序号	跨别	轴线	开裂处数	开裂长度（mm）
25		H/271~273	1	120
26	HN跨	H/279~281	2	260，170
27		H/289~291	2	330，150

上述实例表明，在我国冶金等重工业企业中，由于设计不周、使用不规范、运行维护不完善等原因，钢吊车梁系统疲劳破坏经常发生，对工业生产安全带来极大的隐患。

1.4.3　工业建筑钢吊车梁系统疲劳问题类别与特点分析

钢吊车梁系统包括吊车梁本体、制动系统及连接等，各部位都会出现疲劳问题，根据前述调查统计结果，把钢吊车梁系统出现的疲劳问题按照实腹式吊车梁、吊车桁架、制动系统、吊车肢柱头等部位进行分类总结，见表1-6。

钢吊车梁系统疲劳问题分类　　　　　　　　　　　表1-6

结构部位或构件	具体位置
实腹式吊车梁	①腹板与上翼缘连接焊缝及附近； ②变截面吊车梁端部； ③横向加劲肋与上翼缘连接焊缝； ④横向加劲肋下端及附近腹板； ⑤下翼缘。
吊车桁架	①斜腹杆； ②节点板； ③铆钉或螺栓。
制动系统	①节点板或铆钉； ②上下翼缘水平支撑； ③垂直支撑； ④与柱连接板。
吊车肢柱头	①加劲肋下端部； ②加劲肋与盖板连接焊缝附近； ③加劲肋与腹板连接焊缝。

对照表1-6的钢吊车梁系统疲劳分类，由于制动系统的局部失效短时间内不会导致吊车梁本体的破坏或垮塌，且制动系统大部分构件按照构造设置，对钢吊车梁系统的危害基本可控；新建结构基本不再采用吊车桁架，在役的吊车桁架数量已十分有限，因此钢吊车梁系统疲劳问题比较集中于实腹式吊车梁的腹板与上翼缘连接处、吊车梁下翼缘、变截面吊车梁端部和吊车肢柱头等部位；另外我国

《钢结构设计规范》GB 50017—2003 中明确规定要求对吊车梁下翼缘、横向加劲肋下端及附近腹板进行计算，近些年在极特殊情况下才出现吊车梁下翼缘疲劳断裂的工程案例，横向加劲肋下端及附近腹板开裂几乎没有出现。因此，针对工业建筑钢吊车梁系统疲劳研究主要集中在如下三个部位：

（1）实腹式吊车梁腹板与上翼缘连接焊缝及其附近腹板：出现疲劳开裂的原因一般是吊车轨道偏心引起平面外弯矩、生产需求使吊车吨位变大、连接处存在焊接缺陷及吊车运行中在该处产生的剪应力等。

（2）变截面吊车梁的梁端：主要问题是吊车梁截面变化导致的局部应力集中，再加上局部焊接缺陷，导致微裂纹扩展乃至结构破坏，例如圆弧端变截面吊车梁在圆弧过渡区焊缝附近出现应力集中；直角突变式吊车梁常在插入板的端部、底部端板和插入板的相交处出现疲劳开裂。

（3）吊车肢柱头：由于不直接承受动力荷载且理论上不出现拉应力，所以《钢结构设计规范》GB 50017—2003 对其没有做出疲劳计算的要求，但是当吊车梁相对于吊车肢柱头出现偏心或有其他原因时，吊车肢柱头腹板可能出现局部的拉力，再加上往复荷载的长期作用，厂房柱吊车肢柱头加劲肋焊缝附近会由于焊接导致的微裂纹扩展而引起疲劳开裂。

由于实腹式吊车梁腹板与上翼缘连接焊缝及其附近腹板、变截面吊车梁的梁端和吊车肢柱头三个重点部位疲劳问题发生比较集中，危害很大，成因复杂，其疲劳性能研究成为本书的重点。

1.5　本书导读

钢结构具有轻质高强、塑性和韧性好、制造简便、施工周期短等优点，也有耐腐蚀性差、耐热但不耐火等缺点，其使用中可能出现的稳定和疲劳破坏问题应给予特别关注，其中稳定问题可以通过控制宽厚比和长细比、增设加劲肋和支撑等方法控制，疲劳问题虽可以通过控制局部应力水平得到有效缓解，但由于疲劳问题主要由动力荷载引起，作用于吊车梁上的吊车荷载属于随机荷载，且钢结构制造中焊接缺陷的存在，都使得工业建筑钢吊车梁疲劳问题难以控制。

根据前述分析可知：工业建筑钢结构疲劳绝大部分与厂房内天车运行相关，本书将重点关注与钢吊车梁系统相关的钢结构疲劳鉴定（诊）和加固修复（治）问题：钢吊车梁系统的疲劳研究概况和基础理论、疲劳鉴定及评估方法、加固和诊治技术综合应用，本书框架如下：

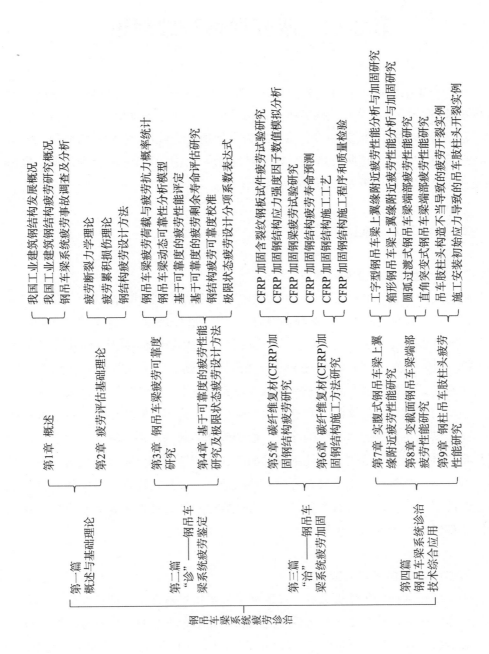

第2章　疲劳评估基础理论

对在役钢结构进行疲劳安全控制具有非常重要的意义，也是结构诊治的一个重要组成部分。本章对有关疲劳抗力及荷载效应的几个基本概念予以简要介绍，内容包括 S–N 曲线、疲劳强度、疲劳断裂力学理论、Miner 累积损伤准则、钢结构疲劳设计方法等。这些既是现行规范中允许应力法进行疲劳验算的依据，也是用结构可靠度理论分析疲劳问题的出发点。

2.1　疲劳基本概念

2.1.1　疲劳失效及疲劳破坏过程

疲劳失效是工程结构在承受反复荷载作用下的主要失效模式之一，如工业厂房中的吊车梁、铁路公路中的桥梁等。钢结构的疲劳破坏是裂纹在重复或交变荷载作用下不断开展，最后达到临界尺寸而出现的破坏。钢结构疲劳破坏的主要特征是破坏前循环次数较多，破坏应力一般远低于极限应力强度，是一个损伤累积的过程。

一般地说，疲劳破坏经历三个阶段：裂纹的形成、裂纹的缓慢扩展和最后迅速断裂。对于钢结构，实际上只有后两个阶段，因为钢结构总会有内在的微小缺陷，这些缺陷本身就起着裂纹的作用。疲劳破坏的起始点多数在构件的表面，对非焊接构件，表面上的刻痕、轧钢皮的凹凸、轧钢缺陷和分层以及火焰切边不平整、冲孔壁上的裂纹，都是裂源可能出现的地方。对焊接构件，最经常的裂源出现在焊缝焊趾处，该处常有焊渣侵入。有些焊接构件疲劳破坏起源于焊缝内部的缺陷，如气孔、未焊透、夹渣等。

2.1.2　S–N 曲线与疲劳强度

为了防止结构发生疲劳破坏，就需要掌握结构材料在重复荷载作用下对疲劳的抵抗能力——疲劳强度，疲劳强度是指材料在给定寿命时发生疲劳破坏的应力值。疲劳强度远较静力强度复杂，影响因素较多，主要包括材料、应力变化范围、荷载循环次数等，相关条件的变动都会造成疲劳强度不同，特定条件下的疲劳强度一般通过试验确定。

取一定数量（通常用8~12个）的
结构原型或连接接头试件，在给定的荷
载条件下依一定的加载频率（一般为
3~16Hz）进行疲劳试验，可以得到应
力 σ 与破坏前的循环次数 N 之间的关
系，绘成曲线如图2-1所示，称之为 S-N
曲线。

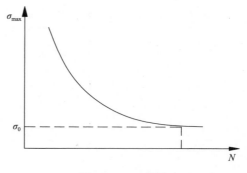

图2-1　S-N曲线

这种曲线表明，能够重复施加的应
力随着循环次数的增加而降低，开始下
降较快，随后比较平缓，最后曲线趋近于平行于 N 轴的渐近线，就是说，在稍
微比这小一点的应力作用下，N 趋于无穷大，结构或连接也不会发生疲劳破坏。
此渐近线对应的应力值 σ_0 称为疲劳极限或持久极限或门槛值。疲劳试验一般费
时较多，如试验机运行频率为8Hz，则一个试件运转 2×10^6 次循环，就需连续 3
天，如果要进行 10^7 次循环，就需要两周，由于疲劳试验结果具有一定的离散性，
所以 S-N 曲线仅仅代表了试验结果的平均值。

对非焊接结构，影响疲劳强度的因素是构造细节（如缺口、应力集中等）、
循环次数、最大应力及应力比。应力比 ρ 是绝对值最小与最大应力之比（拉应力
取正值，压应力取负值），它代表了循环特征。

$$\rho = \frac{\sigma_{\min}}{\sigma_{\max}} \qquad (2-1)$$

图 2-2 表示了几种典型的循环特征。图 2-2（a）的应力比 $\rho=-1$，称为完全
对称循环，图 2-2（b）的 $\rho=0$，称为脉冲循环，图 2-2（c）的 ρ 介于 0 与 -1 之间，
称为不完全对称循环，若 $\rho=1$ 则表示恒载。图 2-3 表示不同 ρ 值下 S-N 曲线的比较。

S-N 曲线通常在对数坐标上绘出，即把 S 轴、N 轴都按对数分度，这样所得
到的曲线非常接近于直线，如图 2-4。由图中可以找到对应于不同循环次数（寿命）
的疲劳强度。

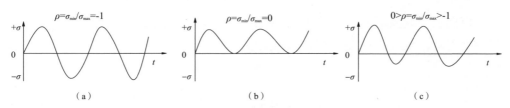

图2-2　循环应力谱

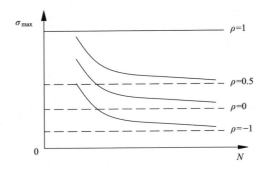

图2-3 不同应力比的S–N曲线

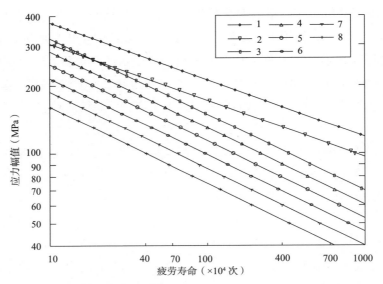

图2-4 《钢结构设计规范》GB 50017—2003中的8类S–N曲线

对焊接构件，影响疲劳强度的因素主要是构造细节、循环次数及应力幅。$\Delta\sigma$–N曲线也同σ–N曲线一样，在双对数坐标系中呈直线关系，不同的连接形式有不同的斜直线。这些$\lg\Delta\sigma$–$\lg N$直线只与焊接连接形式有关，与应力比ρ和钢材静载强度f_y无关。

根据大量试验结果，可得到σ、N的关系式，即它们的对数呈直线关系，一般用常用对数表示，即$\lg\sigma$与$\lg N$呈线性关系

$$\lg N = A - m\lg\sigma \tag{2-2}$$

$$或 \lg N = A - m\lg\Delta\sigma \tag{2-2a}$$

式中：A——直线在纵坐标上的截距；

m——S-N 曲线斜率的负倒数，通常 $m=3 \sim 4$。

将式（2-2a）稍作变换，可得

$$N(\Delta\sigma)^m = C \qquad\qquad (2-3)$$

式中 C 与 A 的关系是 $\lg C=A$ 或 $C=10^A$。

上面各式中的 $\Delta\sigma$、N 只代表试验数据的平均值。考虑到试验数据的离散性，取平均值减去 2 倍 $\lg N$ 的标准差（$2\sigma_{\lg N}$）作为疲劳强度的下限值，如图 2-5 所示。如果 $\lg N$ 为正态分布，则其保证率为 97.73%。于是下限值的直线方程为

$$\lg N=\lg C-m\lg\Delta\sigma-2\sigma_{\lg N} \qquad\qquad (2-4)$$

注意其中 $\lg\Delta\sigma$ 也是用平均值减 2 倍标准差（$2\sigma_{\lg N}$），故从构件或连接的抗力方面来讲，保证率亦为 97.73%。这些数据（平均值、标准差）都可从实验数据获得。

关于循环次数 N 的概率分布，可用一组名义相同的应力幅试验来获得。将所得到的破坏循环次数 N 进行分组并绘出直方图，用优度拟合检验来确定 N 的概率分布。有的文献认为 N 的对数（即 $\lg N$）非常接近正态分布，于是 N 服从对数正态分布，也有人认为用 Weibull 分布较合适。至于 N 的离散性，有试验表明，同一种试件在同一应力幅下，最大和最小的 N 之比值可达 4.71 至 8.86，当应力幅减小时，离散性更大，其原因包括试件的材料、制作、残余应力、试验条件（荷载的偏心、测量精度）以及环境温度、试验机类型等因素的差异，都会使试验结果产生不小的变化。在某次试验里用 12 台试验机进行试验，在一个给定应力下，寿命的分散度达 37%。

影响钢结构疲劳强度的主要因素有以下几方面：

①连接和构造的方式：不同的连接和构造方式，会导致结构截面形状或截面面积发生较大变

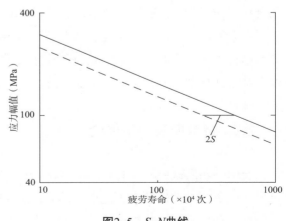

图2-5　S-N曲线

化，例如梁柱的连接节点、变截面处以及截面开孔削弱处等都会产生应力集中，应力集中是影响钢结构疲劳强度的重要因素，所以才要对不同的连接和构造分别进行试验，以得到不同连接和构造的疲劳强度；

②钢材和连接的缺陷：非焊接结构的缺陷主要包括钢结构表面的麻点、刻痕，轧钢时的夹渣、分层、切割边的不平整，冷加工产生的微裂纹以及螺栓孔等；焊接结构的缺陷主要包括焊缝的外形、焊缝中的气孔、咬肉、夹渣、起弧和灭弧的不平整等。钢结构的疲劳破坏往往就起源于这些缺陷，故吊车梁在施工过程中对焊缝形式的选择、施焊工艺、质量和焊后处理等都直接影响焊接吊车梁的疲劳强度；

③初始应力：结构构造过程中产生的初始应力会对疲劳强度产生影响，如焊缝的残余应力造成钢结构疲劳强度降低；

④荷载不同：荷载的作用方式、大小、位置及变化幅度、荷载序列等对钢结构的疲劳强度都有不同程度的影响。

大部分试验是常幅疲劳试验，应力循环中最小应力与最大应力都保持常数，应力变化范围不变。而实际结构受力时荷载循环期间最大荷载并不等于常量，属于一定范围内取值的随机变量，例如冶金厂房均热炉车间吊车梁下翼缘实测应变变化（如图 2-6 所示），说明吊车梁实际工作属于变幅疲劳范畴。另外结构在整个使用期间所经受的荷载循环次数也非常用的 2×10^6 次所能限制，而依结构使用条件频繁程度不同有很大差别，例如冶金工厂均热炉车间钢吊车梁，按实测资料以 40 年使用期计算，循环次数可达 10^7 次以上。

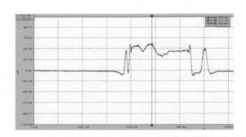

图2-6　现场测试应变-时间历程曲线

由上所述，不同连接形式和构造细节对钢结构疲劳强度都有影响，所以在计算钢结构疲劳强度时，需要的是每种连接或构造的疲劳数据，至于母材的疲劳强度在结构计算中一般并不起决定作用。

2.2　疲劳断裂力学理论

疲劳问题的试验研究有它的局限性，因为做疲劳试验很费时间，不能大量做，足尺试件更不能多做甚至不能做。同时，影响疲劳的因素很多，不是用少量试验就能把各种因素的影响都分析清楚的。自从断裂力学迅速发展以来，疲劳问题获得了新的研究手段。疲劳破坏经历一个裂纹逐渐扩展的过程，而裂纹扩展正是断裂力学研究的对象。钢构件疲劳破坏过程中，裂纹尖端塑性区域通常很小，线弹性断裂力学能够较好地适用。

断裂力学分析方法基于疲劳断裂机理，认为材料有初始缺陷，破坏是疲劳裂纹扩展的结果，影响疲劳的主要因素是材料品质、力学特征及服役环境条件等，通常采用线弹性断裂力学法，以应力强度因子为主要特征参数来描述疲劳裂纹扩展速率。应力强度因子的计算目前主要有解析法（权函数法、应力函数法、积分变换法等）和数值法（位移相关法、虚裂纹闭合法、J 积分法等）。断裂力学分析方法明确了疲劳破坏的物理概念，描述了疲劳裂纹的发展过程，结果较为准确，其最具代表性的成果是 Paris 公式。

2.2.1　裂纹失稳扩展能量准则

Griffith（1921）依据机械能和表面能之间的平衡提出了脆性固体中裂纹失稳扩展准则，给出了相应的表达式。假设有一块脆性的、厚度均匀（为 B）、承受远场拉应力 σ 的大板，板中心有一条长度为 $2a$ 的穿透裂纹，见图 2-7。

Griffith 假设在外加应力的作用下裂纹扩展一段距离，在这个过程中由裂纹边界移动和存储弹性能变化引起的系统势能减少必然等于由裂纹扩展造成的表面能增加。利用 Inglis（1913）对无限大板中椭圆孔的应力分析结果，Griffith 导出了大板势能的净变化为

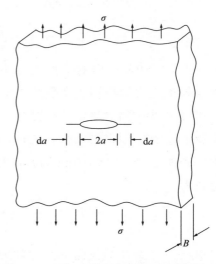

图2-7　含有一长度为2a的裂纹的弹性大板

$$W_p = -\frac{\pi a^2 \sigma^2 B}{E'} \qquad (2-5)$$

式中，对于平面应变和平面应力，分别有

$$E' = \frac{E}{1-v^2} \text{ 和 } E' = E \qquad (2-6)$$

式中：E——杨氏模量；

　　　v——泊松比。

裂纹系统的表面能为

$$W_s = 4aB\gamma_s \tag{2-7}$$

式中：γ_s——单位面积的自由表面能。

因此，系统总能量由下式给出

$$U = W_p + W_s = -\frac{\pi a^2 \sigma^2 B}{E'} + 4aB\gamma_s \tag{2-8}$$

Griffith 认为裂纹开始扩展的条件为

$$\frac{dU}{dA} = \frac{dW_p}{dA} + \frac{dW_s}{dA} = -\frac{\pi a \sigma^2}{E'} + 2\gamma_s = 0 \tag{2-9}$$

式中，$A = 2aB$ 代表裂纹表面积，dA 是裂纹表面积的增量。

由此导出裂纹扩展的临界应力为

$$\sigma_f = \sqrt{\frac{2E'\gamma_s}{\pi a}} \tag{2-10}$$

式（2-10）给出的平衡条件为裂纹失稳扩展条件。在普通工程材料中，由于外加应力的作用，在裂纹顶端附近会出现非线性形变过程，因此，尽管 Griffith 提出的概念奠定了断裂力学基础，但这种基于能量平衡的考虑不能直接应用于大多数工程固体材料。Orowan（1952）用塑性能量耗散来增补式（2-10）中的表面能项，把 Griffith 的脆性断裂概念扩展到金属上。此时发生断裂的表达式为

$$\sigma_f = \sqrt{\frac{2E'(\gamma_s + \gamma_p)}{\pi a}} \tag{2-11}$$

式中：γ_p——新生裂纹面单位表面积的塑性功。需注意的是，一般来说，γ_p 远大于 γ_s。

2.2.2　能量释放率和裂纹扩展驱动力

Irwin（1956）提出一个表征弹性裂纹体断裂驱动力的方法，它在概念上与 Griffith 的模型是等价的。Irwin 引入能量释放率 G，它的定义是

$$G = \frac{dW_p}{dA} \tag{2-12}$$

裂纹板的柔度 λ 定义为 $\lambda = u/P$，变量 P 和 u 分别认为是板端受广义力和受力点广义位移（它们是功的共轭变量）。经过能量理论的分析和推导，得到

$$G = \frac{P^2 \cdot \mathrm{d}\lambda}{2\mathrm{d}A}$$

（2-13）

能量释放率 G 与加载类型无关，并且该定义对于线性及非线性弹性变形体来说都是正确的。G 是荷载（或位移）和裂纹长度的函数，而且与裂纹体的边界条件（加载类型）无关。可以用 G 重新表示理想脆性固体发生断裂的 Griffith 判据，即

$$G = \frac{K_{\mathrm{C}}^2}{E'}$$

（2-14）

式中：K_{C}——临界应力强度因子。

2.2.3　裂纹尖端应力强度因子

断裂力学对于线弹性材料利用应力强度因子 K 作为材料失效的判据，对弹塑性材料利用 τ 积分作为材料失效的判据。

根据受力情况，裂纹可分为三种基本类型：

①张开型（Ⅰ型）：裂纹受垂直于裂纹面的拉应力作用，裂纹上下两表面相对张开，如图2-8（a）所示，此类裂纹最危险；

②滑开型（Ⅱ型）：裂纹受平行于裂纹面而垂直于裂纹前缘的剪应力作用，裂纹上下表面沿 x 轴相对滑开，如图2-8（b）所示；

③撕开型（Ⅲ型）：裂纹既受平行于裂纹面又受平行于裂纹前缘的剪应力作用，裂纹上下表面沿 z 轴相对滑开，如图2-8（c）所示。

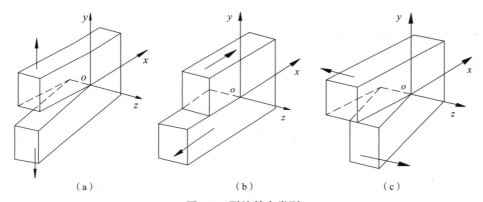

（a）　　　　　　　　　　（b）　　　　　　　　　　（c）

图2-8　裂纹基本类型

对于开裂的一般情况可用三种形式的叠加来描述，这时称为复合型裂纹。

应力强度因子 K 可以分为 K_{I}、K_{II} 和 K_{III}，它们分别代表Ⅰ型、Ⅱ型和Ⅲ型

变形情况下裂纹尖端的应力强度。由于Ⅰ型裂纹最危险，使用最多的是Ⅰ型裂纹对应的应力强度因子K_{I}。

假设无限大平板中有一贯穿裂纹，承受垂直于裂纹方向应力作用，如图2-9所示。

应力强度因子表达式为：

$$K_{\mathrm{I}} = \sigma\sqrt{\pi a} \qquad\qquad (2-15)$$

式中：σ——外加的均匀拉伸应力；

$\qquad a$——裂纹长度的一半。

应力强度因子K_{I}是度量裂纹端部应力场强弱程度的一个参量。K_{I}单位为$\mathrm{MPa}\sqrt{\mathrm{m}}$或$\mathrm{N/m}^{3/2}$。引进符号$K_{\mathrm{I}}$后，图2-9中裂纹端部区域的应力分量（$r\to0$）可由Westergaard提出的半逆解法解得：

$$\begin{cases} \sigma_{\mathrm{x}} = \dfrac{K_{\mathrm{I}}}{\sqrt{2\pi r}}\cos\dfrac{\theta}{2}\left(1-\sin\dfrac{\theta}{2}\sin\dfrac{3\theta}{2}\right) \\[2mm] \sigma_{\mathrm{y}} = \dfrac{K_{\mathrm{I}}}{\sqrt{2\pi r}}\cos\dfrac{\theta}{2}\left(1+\sin\dfrac{\theta}{2}\sin\dfrac{3\theta}{2}\right) \\[2mm] \tau_{\mathrm{xy}} = \dfrac{K_{\mathrm{I}}}{\sqrt{2\pi r}}\cos\dfrac{\theta}{2}\sin\dfrac{\theta}{2}\cos\dfrac{3\theta}{2} \end{cases} \qquad (2-16)$$

对上述应力分量表达式作进一步分析后便可以看出，在裂纹尖端上（即$r\to0$处），各应力分量σ_{x}、σ_{y}、τ_{xy}都趋于无穷大，这就表明裂纹尖端是一个奇点。从这个意义上说，应力强度因子K_{I}是裂纹端部应力场的奇异性强度。

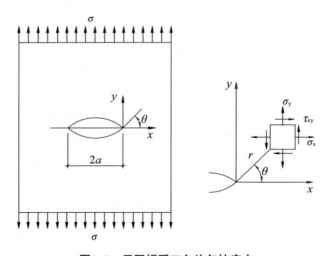

图2-9　无限板受二向均匀拉应力

由于在裂纹尖端存在应力的奇异性，因此，当带有裂纹的构件受到荷载作用时（不管荷载的值有多大），裂纹端部的应力就会达到很大的值，理论上可达无限大。

裂纹尖端应力奇异性说明在有裂纹的情况下，常规的强度准则已不再适用，即不能用应力值的大小来衡量材料的受载程度和极限状态。

2.2.4　断裂韧度

随着应力 σ 的增加，K 值也将随之增大，因此可以推断，当应力 σ 增大到某一临界值时，构件就将发生破坏，此时，应力强度因子 K 也达到了某一临界值。定义该应力强度因子的临界值为断裂韧度，用 K_C 表示。由此可得断裂判据为：

$$K \geqslant K_C \qquad (2-17)$$

Ⅰ型裂纹在平面应变条件下的临界应力强度因子称为平面应变断裂韧度，用 K_{IC} 表示。由于在平面应变条件下三向受拉，材料最容易脆断，因此 K_{IC} 代表材料断裂韧度的最低值，是反映材料韧度的一个最主要的指标。在平面应变条件下的断裂判据是：

$$K_I \geqslant K_{IC} \qquad (2-18)$$

实际工程中，裂纹形式多种多样，受力条件也很复杂，下面给出几种工程中适用于偏于安全的判据。

Ⅰ—Ⅱ型复合情况：

$$K_I + K_{II} > K_{IC} \qquad (2-19)$$

Ⅰ—Ⅲ型复合情况：

$$\sqrt{K_I^2 + \frac{K_{III}^2}{1-2v}} \geqslant K_{IC} \qquad (2-20)$$

Ⅰ—Ⅱ—Ⅲ型复合情况：

$$\sqrt{(K_I + K_{II})^2 + \frac{K_{III}^2}{1-2v}} \geqslant K_{IC} \qquad (2-21)$$

式中，v 为泊松比。

几种常见结构钢在常温下的断裂韧度（MPa$\sqrt{\text{m}}$）　　　　表2-1

材料	K_{IC}	材料	K_{IC}
Q235A	126	Q345A	245.7
Q235B	110	Q345B	184.5
Q235F	186	Q345F	280

2.2.5　疲劳裂纹扩展速率

1963 年，美国人 Paris 在断裂力学方法的基础上提出了表达裂纹扩展规律的著名关系式——Paris 公式，给疲劳研究提供了一个估算裂纹扩展寿命的新方法，在此基础上发展出了损伤容限设计，从而使断裂力学和疲劳这两门学科逐渐结合起来。

Paris 认为疲劳裂纹扩展速率 da/dN 是应力强度因子的函数。da/dN 与应力强度因子幅值 ΔK 的关系在双对数坐标上是一条 S 形曲线，如图 2-10 所示。这条 da/dN-ΔK 曲线可以划分为三个区域：Ⅰ区、Ⅱ区和Ⅲ区：

Ⅰ区为不扩展区，这时 $\Delta K < \Delta K_{th}$，ΔK_{th} 为界限应力强度因子或门槛值，此时为安全裂纹，结构疲劳裂纹不会扩展；

Ⅱ区为裂纹扩展区，当应力强度因子幅值达到 ΔK_{th} 时，裂纹开始扩展。工程结构中常说的裂纹扩展寿命是指该阶段的寿命。此时裂纹扩展速率 da/dN 和应力强度因子幅值

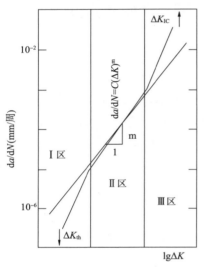

图2-10　lg（da/dN）- lgΔK关系曲线

之间的关系可用著名的 Paris 公式表示为：

$$\frac{da}{dN} = C(\Delta K)^m \qquad (2-22)$$

式中：a——裂纹长度；

N——应力循环次数；

ΔK——应力强度因子幅值；

C、m——材料常数，由试验决定。

$$\Delta K = K_{max} - K_{min} = F\Delta\sigma\sqrt{\pi a} \qquad (2-23)$$

式中：$\Delta\sigma$——裂纹处的应力幅值；

　　　F——裂纹几何因子。

Ⅲ区为裂纹快速扩展区，当 ΔK 值继续增加到一定数值后，裂纹产生快速失稳扩展。因其裂纹扩展寿命较短，工程中一般不予考虑。

影响裂纹扩展的因素有很多，除了 ΔK 是影响裂纹亚临界扩展的关键物理量外，应力比、荷载顺序、环境和加载频率等对裂纹扩展均有较大的影响。表 2-2 给出了几种常见建筑钢材 Paris 公式的参数取值。

几种常见结构钢 Paris 公式的参数取值　　　　　　　　表 2-2

材料	热处理	强度指标（MPa）		C	m	备注
		σ_s	σ_b			
Q235A	热轧	303	454	2.68×10^{-10}	3.78	$\rho=0.1$
Q235B	热轧	300	441	3.16×10^{-8}	2.83	$\rho=0.1$
Q235F	热轧	256	428	4.68×10^{-10}	3.64	$\rho=0.1$
Q345A	热轧	370	513	6.87×10^{-15}	5.20	$\rho=0.1$
Q345B	热轧	354	512	3.25×10^{-12}	4.00	$\rho=0.1$
Q345F	热轧	363	510	1.58×10^{-11}	2.67	$\rho=0.1$

2.2.6　线弹性断裂力学估算结构寿命步骤

用断裂力学的观点考察疲劳问题，首先是分析裂纹扩展速率。带裂纹的钢构件是否进一步开裂，取决于应力强度因子 $K_I = \sigma\sqrt{\pi a}$ 是否超过材料的断裂韧性 K_{IC}。应力强度因子是对裂纹顶端周围应力和应变的一个度量。当应力 σ 在 σ_{max} 和 σ_{min} 间不断循环变化时，应力强度因子随之在 K_{max} 和 K_{min} 之间变化（省去 K_I 的下角标）。若应力循环的特征为 $\rho=0$，则 K 的变化幅度是 $\Delta K = K_{max} - K_{min} = K_{max}$。此时，疲劳裂纹的扩展速率显然取决于 ΔK。

在 C 和 m 都是常数的条件下，对式（2-22）进行积分，可得疲劳寿命的表达式

$$N = \frac{1}{C}\int_{a_1}^{a_2}\frac{\mathrm{d}a}{(\Delta K)^m} \qquad (2-24)$$

式中 a_1 和 a_2 分别是裂纹的初始尺寸和裂纹缓慢扩展阶段结束时的尺寸。

用 $\Delta\sigma$ 来表示应力幅，即 $\Delta\sigma = \sigma_{max} - \sigma_{min}$，则有

$$N = (\Delta\sigma)^{-m}\left[\frac{1}{C}\int_{a_1}^{a_2}\frac{\mathrm{d}a}{(\sqrt{\pi a})^m}\right] \tag{2-25}$$

对于建筑钢结构，m 值常在 $3 \sim 4$ 之间，如取为 3.0。上式简化为

$$N = \frac{2(\Delta\sigma)^{-m}}{C\pi^{3/2}\sqrt{a_1}}\left[1-\sqrt{\frac{a_1}{a_2}}\right] \tag{2-26}$$

式中比值 a_1/a_2 的影响不大，因 a_1 和 a_2 通常相差悬殊：在焊趾处，a_1 一般不超过 0.5mm；对于有适当断裂韧性的材料 a_2 约达 25mm。略去 $\sqrt{a_1/a_2}$ 并认为 a_1 是常数，则有

$$N = C_1\left(\Delta\sigma\right)^{-m} \tag{2-27}$$

或

$$\lg N = \lg C_1 - m\lg\left(\Delta\sigma\right)$$

式中

$$C_1 = 2\left(C\pi^{3/2}\sqrt{a_1}\right)^{-1}$$

因此，在双对数坐标系中，$\Delta\sigma$ 和 N 之间呈直线关系。

2.3　疲劳累积损伤理论

对于工业建筑钢吊车梁，重复作用的荷载一般是变幅循环，而不是常幅循环，且载荷历程很不规则，是随机的，所以应力循环也是随机的。变幅疲劳的计算不能直接应用常幅疲劳试验 S-N 曲线，首先应该确定吊车梁中应力的变化规律即应力谱，这可以通过实测或按拟定的荷载谱进行分析计算求得，有了应力谱之后就可以做损伤度的使用寿命估算。其方法之一就是著名的 Palmgren-Miner 线性累积损伤原理，或简称 Miner 准则。

从微观角度而言，每一次加载结构构件都将产生一定量的损伤，即材料性能或细微"结构"的变化。在循环荷载作用下，损伤会不断累积，当损伤累积达到临界值时发生疲劳破坏，这就是疲劳损伤累积理论。疲劳损伤累积理论可分为三大类：线性疲劳累积损伤理论、修正的线性疲劳累积损伤理论、其他的疲劳累积损伤理论。其中线性疲劳损伤累积理论形式简单、使用方便，在工程中得到了广

泛应用。

2.3.1 线性疲劳累积损伤理论

线性疲劳累积损伤理论也称为 Miner 理论，该理论假设如下：

（1）一次应力循环造成的损伤：

$$D = \frac{1}{N} \qquad (2-28)$$

式中：N——对应于当前应力水平 σ 的疲劳寿命。

（2）等幅荷载条件下，n 次应力循环造成的损伤：

$$D = \frac{n}{N} \qquad (2-29)$$

变幅荷载条件下，n 次应力循环造成的损伤：

$$D = \sum_{i=1}^{n} \frac{1}{N_i} \qquad (2-30)$$

式中：N_i——对应于不同应力水平 σ_i 的疲劳寿命。

（3）临界疲劳损伤 D_{CR}：若是常幅循环荷载，当循环荷载次数 n 等于其疲劳寿命 N 时，即 $n=N$ 疲劳破坏发生，由式（2-29）可以得到：

$$D_{CR}=1 \qquad (2-31)$$

由上述基本假设可知，线性累积损伤理论认为材料在各个应力水平下的疲劳损伤是独立进行的，并且损伤可以线性累加。图 2-11 为疲劳损伤线性累积示意图，图 2-11（a）为变化的应力，图 2-11（b）为 S–N 曲线。

设在循环应力 σ_1 作用下材料达到破坏时的总循环次数为 N_1，D 为最终断裂时的损伤临界值，根据线性疲劳损伤累积理论，应力 σ_1 每一次作用造成的疲劳损伤为 D/N_1，经过 n_1 次作用后，对材料造成的总损伤为 $n_1 D/N_1$。同样可以计算出 σ_2、σ_3 作用引起的疲劳损伤。当材料发生疲劳破坏时，各级应力对材料造成的总损伤为：

$$n_1 D/N_1 + n_2 D/N_2 + \cdots = D \qquad (2-32)$$

简化为：

$$\sum_{i=1}^{\infty} \frac{n_i}{N_i} = 1 \qquad (2-33)$$

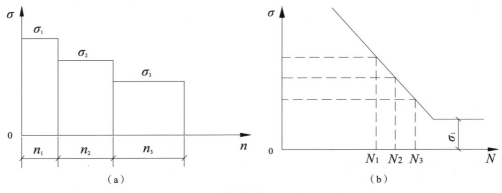

图2-11　线性疲劳累积损伤示意图

2.3.2　修正的线性疲劳累积损伤理论

线性累积损伤理论比较简单方便，在初始阶段，作为粗略估算疲劳寿命是一个有力的工具，但是线性累积损伤理论没有考虑应力之间的相互关系，从而使预测结果与试验值相差较大，有时甚至相差很远，因此提出了修正的线性疲劳累积损伤理论，其中典型的是 Corten-Dolen 理论，该理论提出如下假设：

①裂纹成核期很短；

②裂纹核的数目随应力的增加而增加；

③每次应力循环的损伤度随应力的增大而增大；

④破坏的总损伤不依赖于应力历史；

⑤低于疲劳极限的应力或者低于成核的应力可使裂纹扩展。

一个循环造成的损伤为：

$$D=nmr^d \qquad (2\text{-}34)$$

式中：m——材料损伤核的数目；

　　　r——损伤扩展速率，与应力 σ 成正比；

　　　n——给定应力水平的作用次数；

　　　d——材料常数，一般通过疲劳试验获得。

类似于 Miner 理论，对于一个荷载循环序列，造成的累积损伤为：

$$D = \sum_{i=1}^{p} n_i m_i r_i^d \qquad (2\text{-}35)$$

式中：n_i——第 i 级荷载的循环次数。

上式还可以改写为：

$$D = N\sum_{i=1}^{p}\alpha_i m_i r_i^d \tag{2-36}$$

式中：N——总的加载次数；

　　α_i——第 i 级荷载加载次数占总加载次数的比例，$\alpha_i = n_i/N$。

若假设荷载序列中最大加荷荷载所对应的序号为"1"，相应的疲劳寿命为 N_1，则临界损伤运用该荷载描述为：

$$D_c = N_1 m_1 r_1^d \tag{2-37}$$

因此，疲劳破坏时有：

$$D = N\sum_{i=1}^{p}\alpha_i m_i r_i^d = D_c \tag{2-38}$$

若认为 $m_i = m_1$，上式可简化为：

$$\frac{N}{N_1} = \frac{1}{\sum_{i=1}^{p}\alpha_i\left(\dfrac{\sigma_i}{\sigma_1}\right)^d} \tag{2-39}$$

式中：σ_1——荷载序列中的最大值；

　　N_1——对应于 σ_1 的疲劳寿命。

2.3.3　其他的疲劳累积损伤理论

除了线性和修正线性累积损伤理论外，还有一些经验或半经验累积损伤理论，见表2-3。

经验或半经验疲劳累积损伤理论　　　　　　　　　　表2-3

作者	损伤表达式	材料参数
Fuller	$\lg N_g = \lg N_a - \bar{\beta}(\lg N_a - \lg N_A)$	N_a
Gatts	$N' = N - n = \dfrac{1}{S - S_e} - \dfrac{1}{S(1-C)}$	S_e、C
Levy	$N^4 = N_1^{\lg(10^4\alpha)} N_2^{\lg\alpha}$	N_1、N_2
Nanson	$n_2/N_2 = (1 - n_1/N_1)^{\frac{\lg(N_2/N_p)}{\lg(N_1/N_p)}}$	N_1、N_2

2.3.4　基于累积损伤理论的等效等幅应力

将疲劳过程想像为：从重复交变荷载开始作用时，损伤就一点点地累积起来，每次循环应力都造成一定的损伤，直到最后破坏。

设将应力幅水平分为若干级，每一级分别记为 $\Delta\sigma_1$，$\Delta\sigma_2$，$\cdots\Delta\sigma_i$，$\cdots$，它所对应的循环次数 n_1，n_2，$\cdots n_i$，$\cdots$。又假设当 $\Delta\sigma_1$，$\Delta\sigma_2$，$\cdots\Delta\sigma_i$，$\cdots$为常幅时相对应的疲劳寿命是 N_1，N_2，$\cdots N_i$，$\cdots$。N_i 表示在常幅疲劳中 $\Delta\sigma_i$ 循环作用 N_i 次后，构件即产生破损。

应力幅 $\Delta\sigma_1$，$\Delta\sigma_2$，$\cdots\Delta\sigma_i$，$\cdots$各占的损伤率为 $\dfrac{n_1}{N_1}$，$\dfrac{n_2}{N_2}$，$\cdots\dfrac{n_i}{N_i}$，$\cdots$。线性累积损伤原则认为，损伤率之和等于 1，即表示构件或连接产生破坏。

$$D = \frac{n_1}{N_1} + \frac{n_2}{N_2} + \cdots + \frac{n_i}{N_i} + \cdots = \sum \frac{n_i}{N_i} = 1 \tag{2-40}$$

式中：n_i——对应于 $\Delta\sigma_i$ 的实际循环次数；

$\quad\quad N_i$——在常幅应力 $\Delta\sigma_i$ 作用下的破坏时疲劳循环次数。

设想另有一常幅疲劳的应力幅为 $\Delta\sigma_e$，循环 $\sum n_i$ 次后，构件或连接也产生疲劳破坏。此时，据常幅疲劳的计算式（2-3）得

$$\sum n_i (\Delta\sigma_e)^m = C \tag{2-41}$$

若近似地认为变幅疲劳与同类常幅疲劳的 $\Delta\sigma$-N 曲线有相同的直线关系，则变幅疲劳每一级应力幅水平均有

$$N_i (\Delta\sigma_i)^m = C \tag{2-42}$$

由以上二式得

$$\frac{\sum n_i}{N_i} = \frac{(\Delta\sigma_i)^m}{(\Delta\sigma_e)^m} \tag{2-43}$$

将式（2-43）代入式（2-40）中

$$\sum \frac{n_i}{N_i} = \sum \frac{n_i}{\sum n_i} \cdot \frac{\sum n_i}{N_i} = \sum \frac{n_i}{\sum n_i} \cdot \frac{(\Delta\sigma_i)^m}{(\Delta\sigma_e)^m} = 1 \tag{2-44}$$

得
$$\Delta\sigma_e = \left[\sum \frac{n_i(\Delta\sigma_i)^m}{\sum n_i} \right]^{1/m} \tag{2-45}$$

式（2-45）为根据线性累积损伤准则导出的计算等效等幅应力 $\Delta\sigma_e$ 的算式，

式中 $\sum n_i$ 是各应力幅水平下循环次数的总和，即循环寿命（不发生疲劳裂纹扩展的循环次数）。若取 $\sum n_i = 2 \times 10^6$（200 万次），则式（2-45）可写为

$$\Delta \sigma_e = \sqrt[m]{\frac{\sum n_i (\Delta \sigma_i)^m}{2 \times 10^6}} \qquad (2-46)$$

Miner 准则建立了变幅应力与等幅应力疲劳破坏之间的关系。这个关系是比较简明的，因此得到广泛应用，但这个原理是有局限性的：它只考虑了疲劳持久限以上的应力，未考虑荷载顺序的影响，未能区分裂纹形成与裂纹扩展等阶段疲劳特性的不同之处，因此与试验结果有一定出入。有实例表明，累积损伤度 $D = \sum \dfrac{n_i}{N_i}$ 并不等于 1，可能大于 1 或小于 1，损伤并不是线性累积的。

2.3.5　基于 Miner 累积损伤的剩余疲劳寿命评估

Miner 线性累积损伤律的表达式为：

$$\sum \frac{n_i}{N_i} = 1 \qquad (2-47)$$

对应应力幅 $\Delta \sigma_i$ 的疲劳曲线方程为：

$$N_i = C \Delta \sigma_i^{-m} \qquad (2-48)$$

结构的疲劳总寿命为已使用的时间 T_0 与可继续使用的时间 T 之和，在疲劳总寿命内，$\Delta \sigma_i$ 出现 n_i 次，频率为 $n_i / (T_0+T)$，在测量时间 T^* 内，$\Delta \sigma_i$ 出现 n_i^* 次，频率为 n_i^*/T^*，如果测量时间足够长，就可认为这两个频率相等，即：

$$\frac{n_i}{T_0+T} = \frac{n_i^*}{T^*} \qquad (2-49)$$

将式（2-49）、式（2-48）代入式（2-47），整理后得到：

$$T = \frac{CT^*}{\sum n_i^* \Delta \sigma_i^m} - T_0 \qquad (2-50)$$

利用 Miner 线性累积损伤律估算疲劳寿命时，允许误差可以达到 100%，另外，用较短时间内测量得到的应力谱代替实际的应力谱也会造成误差，因此对式（2-50）还应再考虑一附加安全系数 φ，这样就得到了式（2-51）。φ 值与测量时间有关，根据中冶建筑研究总院有限公司的实践经验，当测量时间为 24 小时时，φ 取为 1.5 ~ 3.0。

由于改造加固和工艺变化等原因使得吊车梁系统结构形式或受力状态发生变

化时，吊车梁系统某些部位的疲劳强度有可能不足。利用实测应力谱可以更准确地进行疲劳强度验算，当疲劳强度验算不满足要求时，可利用式（2-51）估算剩余疲劳寿命，这样可以为加固处理留有充足的准备时间。

$$T = \frac{C \cdot T^*}{\varphi \sum n_i^* \Delta \sigma_i^m} - T_0 \qquad （2\text{-}51）$$

式中：T^*——测量总时间；

　　C、m——与构件和连接类别有关的参数，按照表2-8确定；

　　　T_0——该结构已经使用过的时间；

　　$\Delta \sigma_i$——根据应力－时间曲线用雨流法统计得到的测量部位第i个级别的应力幅值；

　　n_i^*——在测量时间T^*内，$\Delta \sigma_i$的循环次数；

　　T——残余疲劳寿命的评估时间，其单位应与T^*、T_0一致。

2.4　钢结构疲劳设计方法

随着工程技术的发展，钢结构抗疲劳设计逐渐受到重视。结构抗疲劳设计方法大致可分为以下几类：无限寿命设计方法、安全寿命设计方法、损伤容限设计方法、疲劳可靠性设计方法。前面两种方法基于传统的疲劳理论，发展最早，使用相对简便，已被各国抗疲劳设计规范广泛采用。

无限寿命设计方法的基本思想是控制荷载产生的应力幅小于疲劳极限（应力幅限值），这样结构在理论上即具有无限寿命。该方法适用于无初始缺陷的构件，简单易用，但耗材多，不经济。

安全寿命设计法的基本思想是控制结构构件在有限的寿命内不发生疲劳破坏，该方法设计的结构构件寿命有限，但在使用期内一般不必进行维修，较经济实用。

损伤容限设计方法基于断裂力学理论，是在航空领域中提出的，在军用和民用飞机设计和评估规范中明确要求使用该方法。该方法省材，但必须具有严格的定期检查及维修制度。

疲劳可靠性设计方法还处于发展阶段，由于该方法能够描述实际工程结构疲劳性能的不确定性，与实际情况更为贴切，是今后发展的主要方向。

2.4.1　疲劳强度准则

名义应力是指在不考虑应力集中的情况下，根据弹性理论计算母材或者焊接接头潜在裂纹位置的应力，应力可分为正应力、剪应力、主应力或等效应力。名义应力法是以名义应力为控制参数，根据不同结构构件的构造、受力特点及连接形式进行分类，通过疲劳试验获得名义应力的疲劳寿命曲线，即 S-N 曲线。这种方法以疲劳试验为基础，具有较高的可靠度，操作简便，因而在工程上得到广泛的应用。

用名义应力法估算结构疲劳寿命的一般步骤为：

①确定结构中的疲劳危险部位；

②求出危险部位的名义应力和应力集中系数；

③根据荷载谱确定危险部位的名义应力谱；

④应用插值法求出当前应力集中系数和应力水平下的 S-N 曲线，查 S-N 曲线；

⑤应用疲劳累积损伤理论，求出危险部位的疲劳寿命。

采用名义应力法对焊接接头进行疲劳强度评定时，名义应力的计算并不考虑焊接接头几何尺寸的影响，较好地避免了焊缝焊趾处应力奇异的讨论，计算简便明了，但同时带来的是该种方法评估结果误差较大，且需要大量的疲劳试验数据作支持。

目前国内外大部分钢结构设计规范、标准均采用名义应力准则，如我国《钢结构设计规范》GB 50017—2003、美国《建筑钢结构设计规范》（AISC 360—10：Specification for Structural Steel Buildings）、欧洲《钢结构设计规范》（EuroCode3：Design of steel structures—Part1—9：2005）、日本《钢结构设计标准》（Design Standard for Steel Structure）等。这些规范均依据焊接结构细节特征对其疲劳强度进行分类，形成了焊接结构疲劳强度分级方法。

2.4.2 钢结构疲劳设计

S-N 曲线是根据材料的疲劳强度实验数据得出的应力 S 和疲劳寿命 N 之间的关系曲线。一般认为在一定的平均应力加载下，疲劳破坏时的加载次数大于 10^5 的称为高周疲劳，小于 10^5 的称为低周疲劳。工业建筑钢结构疲劳问题一般为高周疲劳，但也有极少数的低周疲劳破坏。目前，大部分国家的钢结构设计规范、规程、标准等都是针对高周疲劳。

1.美国规范中关于钢结构疲劳设计的规定

美国《建筑钢结构设计规范》（AISC 360—10：Specification for Structural Steel Buildings）采用容许应力幅的设计方法，S-N 曲线共分了 8 类，如图 2-12 所示。

$$N = \frac{C_{\mathrm{f}}}{S_{\mathrm{r}}^{n}} \qquad\qquad (2\text{--}52)$$

式中，C_{f} 为调整系数，用来确定容许应力幅，以便于提供位于估算值标准误差的两个标准偏差间的设计曲线，而该估算值是低于试验数据平均 $S\text{--}N$ 关系式的疲劳周期寿命估算值。C_{f} 的这些数值等于设计寿命的 2.5%。

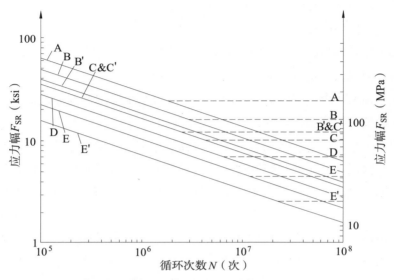

图2-12　疲劳强度$S\text{--}N$曲线（美国AISC 360—10）

美国《钢结构桥梁设计规范》（AMD—2013：AASHTO LRFD Bridge Design Specifications）所采用的 $S\text{--}N$ 曲线同图 2-12。图中每一分类都在一定循环荷载次数与一条水平虚线相连，所对应的纵坐标值称为"疲劳稳定极限（CAFT）"，其物理意义是当实际的循环应力小于这一极限时，疲劳寿命无限大。这反映了 AASHTO 规范中与强度设计匹配的 2 个疲劳设计准则：疲劳极限状态 I 对应于正常使用工况强度（service limit）无限疲劳寿命设计，要求应力幅值小于 CAFT；疲劳极限状态 II 对应于极限强度设计工况（strength limit）。这两种准则统一为：

$$\gamma \Delta f \leqslant (\Delta F)_{\mathrm{N}} \qquad\qquad (2\text{--}53)$$

式中：γ——疲劳荷载组合的荷载系数，疲劳极限状态 I 中取 1.50，疲劳极限状态 II 中取 0.75；

　　　Δf——疲劳荷载作用效应，疲劳荷载下的活载应力幅；

$(\Delta F)_{\mathrm{N}}$——公称疲劳抗力。

对于 $(\Delta F)_N$ 的取值，疲劳极限状态 I 中 $(\Delta F)_N$ 取为 $(\Delta F)_{th}$，疲劳极限状态 II 中按照式（2-54）计算：

$$(\Delta F)_N = \left(\frac{A}{N}\right)^{1/3} \geqslant \frac{1}{2}(\Delta F)_{th} \tag{2-54}$$

式中：N——等于 $365 \times 75 \times n \times (ADTT_{SL})$；

A——细节分类系数；

n——每辆货车通过时的应力循环次数；

$(\Delta F)_{th}$——常幅疲劳临界值。

与无限寿命等同的 75 年下的（$ADTT_{SL}$）	表 2-4
详细分类	与无限寿命等同的75年下的（$ADTT_{SL}$）
A	530
B	860
B'	1035
C	1290
C'	745
D	1875
E	3530
E'	6485

常幅疲劳极限	表 2-5
详细分类	极限值（$\Delta F)_{th}$（ksi）
A	24.0
B	16.0
B'	12.0
C	10.0
C'	12.0
D	7.0
E	4.5
E'	2.6
轴拉荷载下M164（A325）螺栓	31.0
轴拉荷载下M253（A490）螺栓	38.0

注：1ksi=6.895MPa。

2. 欧洲规范中关于钢结构疲劳设计的规定

欧洲《钢结构设计规范》（EuroCode3：Design of steel structures—Part1—9：2005）疲劳设计采用了以概率论为基础的极限状态设计法，将分项系数的形式用于钢结构疲劳设计。规范内容包括：基本假定和限制、疲劳荷载、分项系数、疲劳应力谱、疲劳验算方法、疲劳强度、疲劳强度影响因素和构造细节分类等。

该规范对常幅名义应力的疲劳强度曲线定义为：

当 $m=3$、$N \leqslant 5 \times 10^6$ 时，$\Delta\sigma_R^m N_R = \Delta\sigma_C^m \times 2 \times 10^6$ （2-55）

当 $m=5$、$N \leqslant 10^8$ 时，$\Delta\tau_R^m N_R = \Delta\tau_C^m \times 2 \times 10^6$ （2-56）

$$\Delta\sigma_D = \left(\frac{2}{5}\right)^{1/3} \times \Delta\sigma_C \times 2 \times 10^6 = 0.737\Delta\sigma_C \quad （2-57）$$

$$\Delta\tau_L = \left(\frac{2}{100}\right)^{1/5} \times \Delta\tau_C \times 2 \times 10^6 = 0.457\Delta \quad （2-58）$$

式中：$\Delta\sigma_C$、$\Delta\tau_C$——循环次数为 2×10^6 时的疲劳强度参考值；

$\Delta\sigma_D$——常幅疲劳极限，见图 2-13；

$\Delta\tau_L$——截断极限，见图 2-14；

m——疲劳强度 S-N 曲线的斜率；

N_R——与设计寿命等效的常幅应力循环次数。

因为名义应力谱的应力范围大于或小于常幅疲劳极限 $\Delta\sigma_D$，所以疲劳损伤可参考扩充的疲劳强度曲线：

当 $m=3$、$N \leqslant 5 \times 10^6$ 时，$\Delta\sigma_R^m N_R = \Delta\sigma_C^m \times 2 \times 10^6$ （2-59）

当 $m=5$、$5 \times 10^6 \leqslant N \leqslant 10^8$ 时，$\Delta\sigma_R^m N_R = \Delta\sigma_D^m \times 5 \times 10^6$ （2-60）

截止极限：$\Delta\sigma_L = \left(\frac{5}{100}\right)^{1/5} \times \Delta\sigma_D = 0.549\Delta\sigma_D$ （2-61）

另外，该规范还对未焊接细节或应力释放的焊接细节、尺寸效应进行了疲劳强度参考值修正。

疲劳验算采用以下方法：

名义应力、修正名义应力和几何应力不应超过：

$$\Delta\sigma \leqslant 1.5f_y \quad （2-62）$$

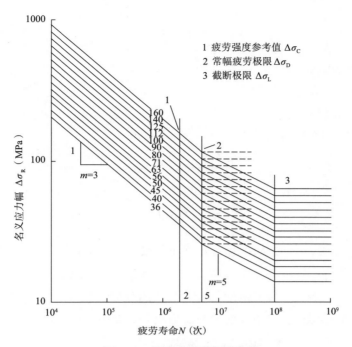

图2-13　正应力疲劳强度曲线

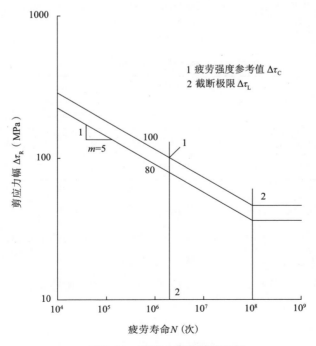

图2-14　剪应力疲劳强度曲线

$$\Delta \tau \leqslant 1.5 f_{\rm y}/ \sqrt{3} \tag{2-63}$$

式中：$\Delta\sigma$ —— 正应力幅；

$\qquad \Delta\tau$ —— 剪应力幅；

$\qquad f_{\rm y}$ —— 材料屈服强度。

疲劳荷载下验算条件：

$$\frac{\gamma_{\rm Ff}\Delta\sigma_{\rm E,2}}{\Delta\sigma_{\rm C}/\gamma_{\rm Mf}} \leqslant 1.0 \tag{2-64}$$

$$\frac{\gamma_{\rm Ff}\Delta\tau_{\rm E,2}}{\Delta\tau_{\rm C}/\gamma_{\rm Mf}} \leqslant 1.0 \tag{2-65}$$

式中：$\Delta\sigma_{\rm E,2}$、$\Delta\tau_{\rm E,2}$ —— 2×10^6 循环次数下等效常幅应力；

$\qquad \gamma_{\rm Ff}$ —— 等效常幅应力 $\Delta\sigma_{\rm E}$、$\Delta\tau_{\rm E}$ 的分项系数；

$\qquad \gamma_{\rm Mf}$ —— 疲劳强度 $\Delta\sigma_{\rm C}$、$\Delta\tau_{\rm C}$ 的分项系数。

对于由 $\Delta\sigma_{\rm E,2}$ 和 $\Delta\tau_{\rm E,2}$ 组成的组合应力幅，验算条件如下：

$$\left(\frac{\gamma_{\rm Ff}\Delta\sigma_{\rm E,2}}{\Delta\sigma_{\rm C}/\gamma_{\rm Mf}}\right)^3 + \left(\frac{\gamma_{\rm Ff}\Delta\tau_{\rm E,2}}{\Delta\tau_{\rm C}/\gamma_{\rm Mf}}\right)^5 \leqslant 1.0 \tag{2-66}$$

损伤容限法（Damage tolerant method）和安全寿命法（Safe life method）的分项系数取值见表 2-6。

疲劳强度分项系数 $\gamma_{\rm Mf}$ 推荐值   表 2-6

评定方法	疲劳分类	
	低周疲劳	高周疲劳
损伤容限法	1.00	1.15
安全寿命法	1.15	1.35

3. 日本规范中关于钢结构疲劳设计的规定

日本《钢结构设计标准》（Design Standard for Steel Structure）中规定：对于应力循环次数超过 10^4 次的结构构件需要进行疲劳计算。疲劳因子 γ 和容许应力 f 由式（2-67）和表 2-7 计算。应力幅最大最小限值不应超过规范中规定的值。

$$\gamma\sigma_1 \leqslant f \tag{2-67}$$

疲劳因子 γ 和容许应力 f　　　　　　　　　　表 2-7

应力循环次数N	疲劳因子γ	容许应力f（MPa）
$N \leqslant 10^5$	$1 - \dfrac{2}{3} \cdot \dfrac{\sigma_2}{\sigma_1}$	容许应力，依据钢材种类和钢材连接材料种类确定
$10^5 < N \leqslant 2 \times 10^6$	$1 - \dfrac{2}{3} \cdot \dfrac{\sigma_2}{\sigma_1}$	对钢材焊接，容许应力由SS400确定；对于铆钉，容许应力由SV330或者SV400确定
$N > 2 \times 10^6$	$\dfrac{3}{2}\left(1 - \dfrac{3}{4} \cdot \dfrac{\sigma_2}{\sigma_1}\right)$	同上

注：在最大最小限值应力幅内，σ_1表示应力绝对值最大值，σ_2表示应力绝对值最小值。

4. 我国《钢结构设计规范》GB 50017—2003 相关规定

《钢结构设计规范》GB 50017—2003 规定直接承受动力荷载重复作用的钢结构构件及其连接，当应力变化的循环次数 n 等于或者大于 5×10^4 次时，应进行疲劳验算。疲劳计算采用容许应力幅法，应力按弹性状态计算，容许应力幅按构件和连接类别以及应力循环次数确定，在应力循环中不出现拉应力的部位可不计算疲劳。

常幅（所有应力循环内的应力幅保持常量）疲劳，应按下式计算：

$$\Delta \sigma \leqslant [\Delta \sigma] \tag{2-68}$$

式中：$\Delta \sigma$——对焊接部位为应力幅，$\Delta \sigma = \sigma_{max} - \sigma_{min}$，对非焊接部位为折算应力幅，
$\Delta \sigma = \sigma_{max} - 0.7\sigma_{min}$；

σ_{max}——计算部位每次应力循环中的最大拉应力（取正值）；

σ_{min}——计算部位每次应力循环中的最小拉应力或压应力（拉应力取正值，压应力取负值）；

$[\Delta \sigma]$——常幅疲劳的容许应力幅，应按下式计算：

$$[\Delta \sigma] = (C/n)^{\frac{1}{m}} \tag{2-69}$$

n——应力循环次数；

C、m——参数，根据《钢结构设计规范》GB 50017—2003 附录中构件和连接类别按表 2-8 取值。

参数 C、m　　　　　　　　　　表 2-8

构件和类别	1	2	3	4	5	6	7	8
C	1940×10^{12}	861×10^{12}	3.26×10^{12}	2.18×10^{12}	1.47×10^{12}	0.96×10^{12}	0.65×10^{12}	0.41×10^{12}
m	4	4	3	3	3	3	3	3

注：公式 $\Delta \sigma \leqslant [\Delta \sigma]$ 也适用于剪应力情况。

变幅（应力循环内的应力幅随机变化）疲劳，若能预测结构在使用寿命期间各种荷载的频率分布、应力幅水平以及频次分布总和所构成的设计应力谱，则可将其折算为等效常幅疲劳，按下式进行计算：

$$\Delta \sigma_e \leqslant [\Delta \sigma] \qquad (2-70)$$

$$\Delta \sigma_e = [\frac{\sum n_i (\Delta \sigma_i)^m}{\sum n_i}]^{\frac{1}{m}} \qquad (2-71)$$

式中：$\Delta \sigma_e$——变幅疲劳的等效应力幅；

$\sum n_i$——以应力循环次数表示的结构预期使用寿命；

n_i——预期寿命内应力幅水平达到 $\Delta \sigma_i$ 的应力循环次数。

重级工作制吊车梁和重级、中级工作制吊车桁架的疲劳可作为常幅疲劳，按下式计算：

$$\alpha_f \Delta \sigma \leqslant [\Delta \sigma]_{2 \times 10^6} \qquad (2-72)$$

式中：α_f——欠载效应的等效系数，按表 2-9 采用；

$[\Delta \sigma]_{2 \times 10^6}$——循环次数 n 为 2×10^6 次的容许应力幅，按表 2-10 采用。

吊车梁和吊车桁架欠载效应的等效系数 α_f　　　　　表 2-9

吊车类别	α_f
重级工作制硬钩吊车（如均热炉车间夹钳吊车）	1.0
重级工作制软吊车	0.8
中级工作制硬钩吊车	0.5

循环次数 n 为 2×10^6 次的容许应力幅（MPa）　　　　　表 2-10

构件和连接类别	1	2	3	4	5	6	7	8
$[\Delta \sigma]_{2 \times 10^6}$	176	144	118	103	90	78	69	59

我国《钢结构设计规范》GB 50017—2003 将钢结构按不同构件和连接分成 8 类，根据每一类的疲劳试验结果，并参考国外相关经验，得到 8 条疲劳计算的曲线，见图 2-4。

2.4.3 重级工作制吊车梁欠载效应等效系数

对于工业厂房的吊车梁或吊车桁架，如果能够统计每次吊车通过的应力幅和所有的次数，就可以运用线性累积损伤原则将其折算为等效常幅疲劳进行疲劳评估，但一般情况下，在设计吊车梁时并不知道工程建成后吊车运行的情况，也就无法统计不同应力幅的循环次数，即使建成后对荷载进行统计分析，也是非常复杂的，为此《钢结构设计规范》GB 50017—2003 规定针对吊车梁可作为常幅疲劳计算，考虑每次应力循环不一定达到最大应力幅的有利影响，实际计算中需要将最大应力幅适当折减。

欠载效应等效系数的大小对于吊车梁或吊车桁架设计安全度影响很大，取值偏小，对结构安全构成威胁，可能在未到合理设计使用年限即出现疲劳破坏，取值偏大，又会造成浪费。《钢结构设计规范》GB 50017—2003 规定的欠载效应等效系数是在对一些冶金和机械工业厂房吊车梁实测统计后得出的，这些测试工作是在 20 世纪七八十年代进行的，已使用近 40 年，随着生产工艺和技术的发展、自动化程度的提高，车间内吊车运行的频繁程度提高、吊重增大，吊车梁欠载效应等效系数也有很大变化。

1. 定义

吊车梁的疲劳是用某一部位的应力幅 $\Delta\sigma$ 进行计算，$\Delta\sigma$ 实际上就是一台吊车最大轮压作用下的最大应力。由于吊车在实际使用过程中并不总是满载，小车也不总是在极限位置，所以吊车实际轮压一般都达不到最大值，所以要考虑欠载效应。吊车梁的疲劳实际属于变幅疲劳，可将变幅疲劳折算为等效常幅疲劳进行计算。

根据《钢结构设计规范》GB 50017—2003，欠载效应等效系数定义为：

$$\alpha_f = \left(\frac{\sum n_i \left(\Delta\sigma_i / \Delta\sigma \right)^m}{2 \times 10^6} \right)^{1/m} \tag{2-73}$$

通过吊车梁应力测试，用雨流法统计推算各个水平的应力幅 $\Delta\sigma_i$ 及其对应的循环次数 n_i，就可用式（2-73）得出吊车梁欠载效应等效系数。

2. 不同类型厂房实测结果及分析

由于工艺条件的不同，不同工业车间吊车的吊重不同、工作的繁重程度相差很大，工程调查表明：吊车梁或吊车桁架出现疲劳问题的主要是吊重在 100t 以上、工作制在 A6 以上的吊车，尤其在冶金和机械行业，其部分车间的吊车吊重达到 400t 以上，工作制达到 A8，这些车间的吊车梁系统普遍出现疲劳损伤，为此，作为一项重要内容，对一些吊车吨位大、运行频繁的炼钢和机械车间吊车梁进行了应力测试（表 2-11）。

测试对象是炼钢加料、连铸接受跨和水压机厂房的吊车梁或吊车桁架，所承受的吊车均为运送铁水、钢水罐或钢锻件的软钩吊车。测试均是在正常生产条件下进行，利用动态电阻应变仪连续测量吊车梁下翼缘或吊车桁架下弦杆的应力变化过程。测量时间均超过 8 小时，测试时间内包含了多个完整生产过程。

利用应变片和智能数字应变仪测试吊车梁的应力和循环次数，通过计算机和数据处理软件自动记录和处理数据。

<table>
<tr><td colspan="7" style="text-align:left">吊车梁测试厂房的基本情况</td><td style="text-align:right">表 2-11</td></tr>
</table>

工厂名称	车间名称	建成年代（年）	年产量（万t）		吊车吨位（t）	吊车梁跨度（m）
			设计	实际最大		
某二炼钢	加料跨	1977	150	240	140	9
	连铸接受跨				125	9
某钢一炼钢	加料跨	1960	60	220	100	15
	浇铸跨				75	5
某钢一炼钢	加料跨	1975	80	110	140	12
某钢一炼钢	加料跨	1985	671	880	430	20
某钢二炼钢	加料跨	1970	80	125	140	18
						9
某钢一炼钢	连铸接受跨	1958	25	335	75	6
某重型机械	万吨水压机车间	1958	25	33	550	12
某钢厂	加料跨	1993	80	115	125	12、18

对测得的应力变化过程用雨流法统计各个水平应力幅 σ_i 出现的频次，然后按照 50 年设计基准期推算出各个水平应力幅 σ_i 的循环次数 n_i，计算被测吊车梁欠载效应等效系数。与《钢结构设计规范》GB 50017—2003 确定此系数时一样，将实测最大应力幅值作为一台吊车最大轮压作用下的最大应力 σ_{max}。

按上述方法得到不同车间的吊车梁欠载效应等效系数列于表 2-12，推算其

50年内应力循环次数从最低 4.94×10^6 次到最高 16.75×10^6 次；以 2×10^6 次疲劳强度为基准的欠载效应等效系数 α_f 的值为 $0.82 \sim 1.283$。表 2-13 为《钢结构设计规范》GB 50017—2003 条文说明中确定此系数时所依据的测试分析结果，硬钩吊车欠载效应等效系数 α_f 的值为 $0.88 \sim 0.94$，软钩的为 $0.64 \sim 0.81$。

按实测应力得到的吊车梁欠载效应等效系数　　表 2-12

车间名称（建造年代）	推算的50年内应力循环次数（次）	以2×10⁶次疲劳强度为基准的欠载效应等效系数α_f	备注
某二炼钢加料跨（1977年）	7.87×10^6	1.09	
	7.04×10^6	1.107	
	7.74×10^6	1.283	
	4.94×10^6	1.068	
某二炼钢连铸接受跨（1977年）	11.00×10^6	0.99	
	13.10×10^6	0.94	
某钢一炼钢加料跨（1960年）	9.31×10^6	1.05	
某钢一炼钢浇铸跨（1960年）	5.97×10^6	0.93	
某钢一炼钢加料跨（1975年）	8.45×10^6	1.01	
某钢一炼钢加料跨（1985年）	7.77×10^6	0.82	
某钢二炼钢加料跨（1970年）	5.913×10^6	1.03	
	11.315×10^6	1.13	
某钢一炼钢连铸接受跨（1958年）	16.75×10^6	0.95	
某重机万吨水压机车间（1958年）	12.35×10^6	0.86	
某炼钢厂加料跨（1993年）	7.85×10^6	0.88	

《钢结构设计规范》条文说明中实测吊车梁欠载效应等效系数　　表 2-13

车间名称	推算的50年内应力循环次数（次）	以2×10⁶次疲劳强度为基准的欠载效应等效系数α_f	附注
某厂850车间（一）	9.68×10^6	0.94	夹钳吊车
某厂850车间（二）	12.40×10^6	0.88	
某钢厂炼钢车间	6.81×10^6	0.64	软钩吊车
某钢厂炼钢厂	4.83×10^6	0.81	
某重机厂水压机车间	9.90×10^6	0.68	

对比表 2-12 和表 2-13 可以看出，测试得到的吊车梁 50 年内应力循环次数和欠载效应等效系数都比以前有所增大，欠载效应等效系数明显超过了《钢结构设计规范》GB 50017—2003 对重级工作制软钩吊车规定值 $\alpha_f=0.8$。根据了解，这些工厂在建成后就不断进行技术改造，产量比原设计都有大幅度提高，加大了吊车运行的频繁程度，使欠载效应等效系数明显增大；同时考虑这些年出现的吊车梁事故，建议将规范的欠载效应等效系数进行适当的调整，以适应生产的发展需要。

建议将一般车间重级工作制硬钩吊车的欠载效应等效系数调整为 1.1，重级工作制软钩吊车调整为 1.0，中级工作制吊车调整为 0.6。特别要将炼钢车间加料跨的欠载效应等效系数调整为 1.05，接受跨的欠载效应等效系数调整为 0.95。

第二篇
"诊"——钢吊车梁系统疲劳鉴定

第3章 钢吊车梁疲劳可靠度研究

吊车梁在随机荷载作用下产生的效应与吊车梁自身构造细节的疲劳抗力都是随机过程，开展吊车梁荷载效应与抗力的统计分析，视累计损伤为随机过程、临界损伤为随机变量，建立疲劳动态可靠性分析模式；基于疲劳动态可靠度理论，开展在役钢吊车梁疲劳剩余寿命评估研究具有非常重要的意义。

3.1 疲劳可靠性研究现状

结构可靠性分析的早期工作可以追溯到 20 世纪四五十年代，自 20 世纪 60 年代起结构可靠性理论得到了迅速的发展，并在航空和航天工程、土木建筑工程、核工程、船舶和海洋工程等领域得到了实际应用。近年来，随着铁路和公路桥梁、工业建筑吊车梁、海洋构筑物等承受动荷载结构的发展，结构疲劳可靠性问题日益受到重视。结构疲劳可靠性的开创首推 P.H.Wirsching，Wirsching 等在 20 世纪 70 年代承担了美国石油学会（API）委托的"基于概率的海洋结构疲劳设计准则"课题，并在 1983 年发表的文章中给出了基于 $S–N$ 曲线疲劳损伤分析的疲劳可靠性分析模型。他们的工作对结构疲劳可靠性的研究起了先导作用，此后其他国家如英国、日本、挪威等也相继开展了研究。美国工程师学会结构安全与可靠度委员会疲劳与断裂分会曾在 1982 年对结构疲劳可靠度研究现状做了阶段性总结，报道了结构疲劳可靠度评估理论与应用方面的现状与进展。

在国内，自 20 世纪 60 年代开始，一些研究机构和高等院校，如中冶建筑研究总院有限公司，中国铁道科学研究院（原铁道部科学研究院），上海交通大学和西北工业大学等相继开展了这方面的研究。在铁路桥梁领域，20 世纪 60 年代铁道部门就已经开展了以可靠性理论为基础的轨枕疲劳设计方法研究；20 世纪 70 年代又开始考虑不稳定重复荷载下的混凝土受弯构件的疲劳可靠性设计问题；20 世纪 80 年代，结合《铁路工程结构可靠度设计统一标准》GB 50216—1994 的编制，全国各有关科研单位和高校又较为系统地研究了结构的疲劳可靠性问题，对铁路桥梁的荷载效应谱进行了大量的实测工作，提出了结构疲劳承载能力极限状态的三种方法：等效重复应力法、等效重复应力指标法和极限损伤度法。在其他领域相关单位在可靠度方面也做了一些工作，在工业建筑钢结构疲劳可靠度方面，国内仅有中冶建筑研究总院有限公司率先对工业厂房吊车荷载进行了概率统计、建立了基于累积损伤的疲劳可靠度模型，并提出基于可靠度的剩余疲劳寿命评估方法，国外未见有专门针对工业建筑钢吊车梁的疲劳可靠度研究成果。目前国内外对疲劳可靠性研究工作主要集中在以下几个方面。

3.1.1　随机荷载作用下疲劳可靠性分析模式

1. 基于疲劳累积损伤的疲劳可靠度

由 Miner 线性累积损伤法则：当累积损伤度 $D = \sum \frac{n_i}{N_i} \geqslant 1$ 时发生疲劳破坏，当发生疲劳时 D 的实际值是在 0.1～2.0 之间，为了考虑这一不确定性，定义疲劳损伤极限状态为

$$D \geqslant \Delta \qquad （3-1）$$

式中，Δ 为一随机变量，服从均值为 1.0、标准差为 0.3 的对数正态分布。

考虑 S-N 曲线中 $N\Delta\sigma^m = C$，D 可写为

$$D = \frac{N}{C} E(\Delta\sigma^m) \qquad （3-2）$$

式中：C、m——材料常数；

　　　　N——变幅应力循环总循环数；

$E(\Delta\sigma^m)$——应力幅 $\Delta\sigma$ 的 m 阶原点矩。

综合式（3-1）、式（3-2）极限状态方程可定义为

$$\frac{N}{C} E(\Delta\sigma^m) - \Delta = 0 \qquad （3-3）$$

式中，C、m、N、$\Delta\sigma$ 和 Δ 为随机变量，当这些随机变量统计特征确定后，可以利用一次二阶矩理论或蒙特卡洛法计算构件的疲劳失效概率。

2. 基于线弹性断裂力学的疲劳可靠度

由 Paris 裂缝扩展模型

$$\frac{\mathrm{d}a}{\mathrm{d}N} = C(\Delta K)^m \qquad （3-4）$$

$$\Delta K = K_{max} - K_{min} = F\Delta\sigma\sqrt{\pi a} \qquad （3-5）$$

考虑裂纹宽度由 a_1 到 a_2，相应的应力循环次数由 N_1 到 N_2 对式（3-5）两边积分得：

$$\int_{a_1}^{a_2} \frac{\mathrm{d}a}{(F\sqrt{\pi a})^m} = \int_{N_1}^{N_2} C\Delta\sigma^m \mathrm{d}N \qquad (3-6)$$

反映裂缝尺寸由 a_1 到 a_2 的累积损伤的函数定义为

$$\psi(a_1, a_2) = \int_{a_1}^{a_2} \frac{\mathrm{d}a}{(F\sqrt{\pi a})^m} \qquad (3-7)$$

相应的荷载损伤累积为

$$\psi(a_1, a_2) = C\Delta\overline{\sigma}^m(N_2 - N_1) \qquad (3-8)$$

式中：$\Delta\overline{\sigma}$ —— 平均应力幅。

$$\Delta\overline{\sigma}^m = \int_0^\infty \Delta\sigma^m f_{\Delta\sigma}(\Delta\sigma)\mathrm{d}\Delta\sigma \qquad (3-9)$$

式中：$f_{\Delta\sigma}(\Delta\sigma)$ —— $\Delta\sigma$ 的概率密度函数。

临界裂缝尺寸在线弹性断裂力学中尤为重要，它可定义为产生失效的裂缝尺寸或超过正常使用所要求的规定裂缝尺寸。根据实际结构构件的尺寸和连接形式确定临界裂缝尺寸，当临界裂缝尺寸确定后，则疲劳失效准则为

$$a_c - a_N \leqslant 0 \qquad (3-10)$$

式中：a_N ——构件经过 N 次应力循环后的裂缝长度；

$\quad\quad a_c$ ——临界裂缝长度。

a_N 可以描述为从初始循环次数下的裂缝尺寸 a_0 到 N 次循环后的裂缝尺寸，相应于裂缝尺寸的应力循环数可以从式（3-6）中得到，一旦 a_N 超过临界尺寸后则失效。

对于疲劳可靠度式（3-10）可以作为极限状态方程，则式（3-10）可写为

$$\psi(a_c, a_0) - \psi(a_N, a_0) \leqslant 0 \qquad (3-11)$$

$$g(z) = \psi(a_c, a_0) - C\Delta\overline{\sigma}^m(N - N_0) \leqslant 0 \qquad (3-12)$$

则失效概率为

$$P_f = P[g(z) \leqslant 0] = \Phi(-\beta) \qquad (3-13)$$

式中 β 为可靠指标，可靠指标直接与失效概率有关。失效概率的计算可由一次二阶矩方法或蒙特卡洛法求解。在疲劳损伤评估过程中，应保证在役结构在服役期间的可靠指标高于允许的可靠指标值。

3. 应力 – 强度干涉模型

航空、机械领域的疲劳可靠性分析方法与土建领域中的疲劳可靠性分析方法有很大不同。航空、机械领域中的应力 – 强度干涉模型是经典可靠性理论的基本分析方法，其基本思想是结构要能安全地使用，其强度必须超过外载引起的应力，如图 3-1 所示。若构件疲劳强度 R 和构件所承受的疲劳荷载 S 相互统计独立，其概率密度函数分别为 $f_R(r)$ 和 $f_S(s)$，则构件的可靠度为

$$P_R = P[R-S \geqslant 0] = \int_{-\infty}^{\infty} [\int_{s}^{\infty} f_R(r)\mathrm{d}r] f_S(s)\mathrm{d}s \qquad (3-14)$$

式中，疲劳强度 R 与荷载 S 都是应力循环次数和应力幅的函数，当疲劳强度 R 与荷载 S 分布都已知时，则可以用改进一次二阶矩方法求出 P_R 或可对式（3-14）直接积分求 P_R。

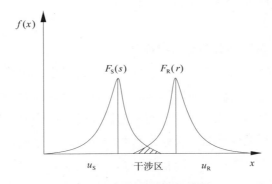

图3-1 应力-强度干涉模型

4. 基于材料（或构造细节）的极限应力模式

在铁路桥梁领域常用的是极限应力模式

$$\Delta\sigma_R - \Delta\sigma_e = 0 \qquad (3-15)$$

式中：$\Delta\sigma_R$——材料（或构造细节）在变幅重复应力作用下的疲劳强度，即抗力随机变量；

$\Delta\sigma_e$——结构构件（或构造细节）在变幅应力作用下的等效应力幅，即荷载效应随机变量。

假定 $\Delta\sigma_R$、$\Delta\sigma_e$ 均近似服从对数正态分布，且二者相互独立，则其可靠指标为：

$$\beta = \frac{\lg\Delta\sigma_R + 2S_R - \lg\Delta\sigma_e}{\sqrt{S_R^2 + S_e^2}} \qquad (3-16)$$

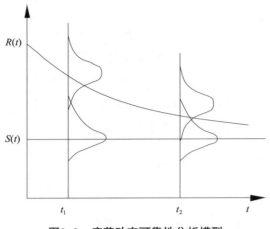

图3-2 疲劳动态可靠性分析模型

以上各种疲劳可靠性分析模式，大都是针对一个给定的寿命情况下，视疲劳强度与荷载为随机变量来计算的，实际上疲劳荷载与强度都是随时间变化的，通常强度随着时间的增长而衰减，荷载的变化也是随机的，也就是说荷载与强度都是随机过程，如图3-2所示，同时结构可靠性的发展趋势已由静态的结构设计可靠性向动态的结构生命全过程可靠性发展，所以应该视荷载与强度为随机过程，建立动态的疲劳可靠性模型。

3.1.2 随机荷载下荷载效应概率模型

结构所承受的疲劳荷载实际上是一连续的随机过程，疲劳荷载的峰值和谷值随时间的变化情况称为荷载－时间历程，为了计算结构的疲劳可靠性，先决条件是弄清疲劳荷载的分布与统计特性，通常的做法是利用循环计数方法对所获得的荷载－时间历程进行循环计数，统计出荷载的分布，其过程如图3-3所示。通常受到条件的限制，不可能得到无限长的荷载－时间历程，只能得到某一时间段的样本荷载－时间历程，这种利用小样本的数据如何推断整个寿命期内的荷载谱是要解决的核心问题，随机荷载下小样本的荷载－时间历程经统计推断得出应力幅近似服从威布尔分布或瑞利分布。

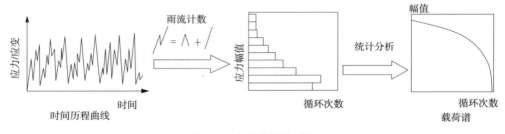

图3-3 应力谱推导过程

3.1.3 疲劳抗力概率模型

疲劳可靠性分析，除了已知荷载效应的分布及统计参数，还必须知道准确可靠的疲劳抗力分布与统计参数，疲劳抗力实际上也是一随机过程，随着时间的增长而衰减。*S-N*曲线是描述结构或构件疲劳性能的一个基本曲线，反映了应力幅值与应力循环次数的关系。在给定的等幅循环应力下，结构可经受的应力循环次数为结构的疲劳寿命，结构的疲劳寿命可通过试验直接得到，疲劳强度一般不能直接通过试验

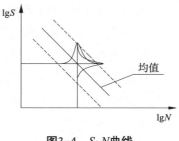

图3-4　*S-N*曲线

得到，但可通过结构 *S-N* 曲线推算得到。通常用疲劳强度表示疲劳抗力，对疲劳试验数据进行统计分析得出 *S-N* 曲线，确定出疲劳强度的分布近似服从对数正态分布或威布尔分布，见图 3-4。

3.2 钢吊车梁疲劳荷载与疲劳抗力概率统计

3.2.1 随机荷载统计分析

各类吊车疲劳荷载的变动情况各不相同，一般情况下吊车在钢吊车梁上行驶，吊车荷载通过吊车梁传给柱子和基础，由于吊车频繁运行，吊车梁就承受着往复荷载，我国《钢结构设计规范》GB 50017—2003 规定此类结构的疲劳荷载按跨间起重量最大的一台吊车满载情况考虑。对于各种连接形式，通过常幅疲劳试验确定其疲劳强度曲线，并以 2×10^6 次疲劳强度为基准，考虑一定的欠载效应等效系数进行疲劳强度验算。

在实际的生产过程中，吊车不可能经常满负荷运行，即使起重量达到额定值，小车也不会总是处于极限位置，因此吊车梁不可能总处于最不利荷载工况。随着小车起吊重物大小的不同、小车在大车上位置的不同和大车在吊车梁上位置的不同，吊车梁受的荷载有大有小，但绝大部分均小于最大荷载，而且大部分还是空载。由于生产过程复杂多变，吊车梁受荷大小、先后次序、作用时间的长短和间隔都是不确定的，属于随机荷载。一般要用肯定型表达式来确定某一次单个荷载波形是不可能的，但经过大量观察测试和分析，这种随机荷载均服从某一统计分布规律。各类工厂的生产工艺不同，荷载作用次数也各不相同，例如在繁重工作的冶金工厂中荷载作用次数远远超过长期以来疲劳试验所沿用的 2×10^6 次（如均热炉车间，在使用年限内达到千万次以上），而在某些机械厂房中，在使用年限内荷载作用次数才几十万次，甚至更少，显然吊车梁的实际工作情况与 2×10^6 次常幅疲劳是有很大出入的，因此有必要对吊车荷载的随机过程进行研究。

3.2.2 在役钢吊车梁荷载效应统计分析

1. 工业厂房吊车荷载的特点

吊车荷载效应与吊车梁构造细节类型、吊车类型及生产工艺有很大关系，不同类型的构造细节、吊车类型与生产工艺会产生不同的荷载效应，因此不能用一个统一的荷载效应模型来概括吊车梁的所有荷载效应，为了准确了解吊车荷载效应情况，应现场测试其真实的应力状况。

工业厂房的吊车荷载效应是一个随机过程，它与桥梁领域的车辆荷载效应相似，但又有区别，其吊车荷载效应与生产工艺有很大的关系，例如炼钢车间的吊车荷载效应，由于炼钢车间的工艺比较明确，吊车运行可以明确的分为若干个生产过程，每个生产过程之间相互独立，且包括所有的吊车运行情况，如吊车满载、半载和空载等，其荷载值比较明确，所以吊车荷载效应有一定的规律性，可以以每个生产过程的应力-时间历程为子样，推断整个寿命期的应力谱分布。

由于大部分钢结构吊车梁构件均由焊接构件组成，而对于焊接构件来说，对疲劳起控制作用的是应力幅、构造细节类别、应力循环次数，所以对于吊车荷载效应的统计，主要是统计应力幅值。

2. 应力-时间历程分析

荷载是构成疲劳问题的主要因素之一，许多情况下作用在吊车梁上的荷载是随时间变化的，这种加载过程称为荷载-时间历程，将构件某点处的应力随时间变化的情况称为应力-时间历程，显然应力-时间历程不同于荷载-时间历程，在实际中直接观测构件的外部荷载通常很困难，而测量荷载在某特定点的反应则比较容易，因此把从构件上某点测得的时变响应函数（不管是应力、应变还是剪力、弯矩或加速度）都称为应力-时间历程。为了对在役钢吊车梁构造细节进行疲劳可靠性研究，必须了解构件或构造细节中应力幅的时间历程，也就是在实际吊车荷载作用下细节中产生的变幅重复应力的变化情况，为此必须对构件或细节的应力-时间历程进行调查统计。理论上对疲劳荷载效应的统计应由整个寿命期的应力-时间历程统计分析得到，这是不现实的，因此只能由某段时间内的疲劳荷载效应数据通过一定的数学方法处理，最后得到吊车梁整个寿命期的疲劳荷载效应参数。

获得应力-时间历程一般有两种方法：一是实测法，二是模拟计算方法。实测法是直接测量在役钢吊车梁的实际应力，能够反映构件的真实受力状态。同时由于它耗费大量人力物力、时间，同时受到测试样本数量的限制，只能测得小样本。模拟计算法能够利用计算机很方便地得到不同结构与跨度的应力历程，但是这种方法，必须同时考虑到实际结构立体空间作用、吊车的动力作用以及疲劳控制部位在吊车梁中的位置等因素对应力历程的影响。

在采用实测法时，应在现场进行连续测定，测点布置在吊车梁容易发生疲劳的部位，在最大应力处贴应变片。将某些测点的应力—时间历程一次次记录下来，每次记录称为一个子样，当子样很多甚至无限多时，就组成了母体。如果用 $X_1(t)$，$X_2(t)$，$\cdots$，$X_n(t)$ 表示同一个测点同一个过程的子样函数，用 $X[t]$ 表示母体，则有：$X[t]=\{X_1(t)，X_2(t)，\cdots，X_n(t)\}$。要通过对子样的研究来推断母体的性质，实际上采集的子样不可能无限多，应选取一些比较典型的工况，使得能够根据尽量少的子样分析结果能较精确地预估母体的性质。一般假定疲劳荷载是一平稳随机过程，要完整地描述平稳随机过程，从理论上讲需要无限个无限长时间的记录，这时所得到的统计值是母体的统计值或称为真值。但实际上只能得到和分析有限个和有限长时间的子样，这些子样的统计值是估计值，估计值不等于真值，但可以做到接近真值。

3. 应力幅分布

当获得一段应力－时间历程曲线后，为了获得应力幅的变化情况，利用循环统计计数方法（一般采用雨流法）进行分析后得到大小不等的应力幅以及相应的应力循环次数。为了得出应力幅分布形式，首先将应力幅分为若干等区间，统计各级应力幅在各区间的次数及频率分布，从而可绘出应力幅分布直方图，利用此方法对工业厂房吊车梁的现场测试结果进行统计分析得到应力幅分布。一般应力幅的分布用威布尔分布或极值Ⅰ型分布来描述。

威布尔分布的概率密度函数与概率分布函数分别为：

$$f(x)=(\frac{\beta}{\theta})(\frac{x}{\theta})^{\beta-1}\mathrm{e}^{(\frac{-x}{\theta})^\beta} \qquad (3-17)$$

$$F(x)=1-\mathrm{e}^{(\frac{-x}{\theta})^\beta} \qquad (3-18)$$

式中：β、θ——威布尔分布参数。

极值Ⅰ型分布的概率密度函数与概率分布函数分别为：

$$f(x)=\alpha\mathrm{e}^{-\alpha(x-u)}\mathrm{e}^{-\mathrm{e}^{-\alpha(x-u)}} \qquad (3-19)$$

$$F(x)=\mathrm{e}^{-\mathrm{e}^{-\alpha(x-u)}} \qquad (3-20)$$

式中：α、u——极值Ⅰ型分布参数，$\alpha=1.282/\sigma_x$，$u=u_x-0.5772/\alpha$。

本书中列出10余个吊车梁或柱头的实测应力分布，利用 K-S 分布检验得到上海某钢厂均热炉车间15m跨吊车桁架上弦节点板、腹杆和下弦杆与上海某钢厂主厂房柱头的应力幅分布不拒绝服从极值Ⅰ分布,其余钢厂的吊车梁下翼缘应力幅分布不拒绝服从威布尔分布,如图3-5~图3-13所示,其分布的统计参数见表3-1所示。从图中可以看出由于吊车梁构造细节类型各不相同,同时每个厂房的工艺情况也各不相同,所以不能用统一的概率模型来描述应力幅的分布,应根据现场实测的荷载–时间历程或应力–时间历程来进行统计推断应力幅具体服从何种分布。

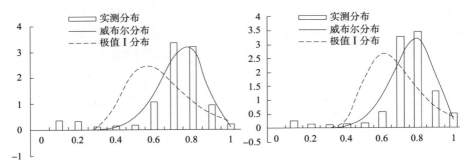

图3-5 北京某钢厂初轧厂均热炉车间12m吊车梁下翼缘实测应力分布

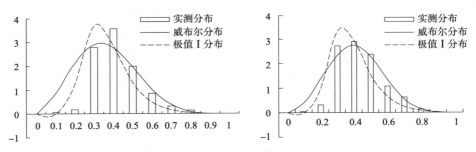

图3-6 上海某钢厂转炉车间炉前跨6m吊车梁下翼缘实测应力分布

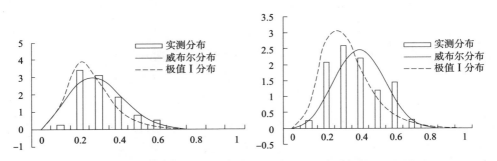

图3-7 上海某钢厂转炉车间炉前跨6m吊车梁下翼缘实测应力分布

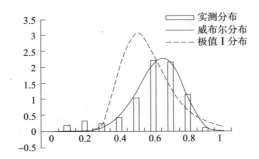

图3-8   山西某钢厂初轧厂均热炉车间15m吊车梁下弦实测应力分布

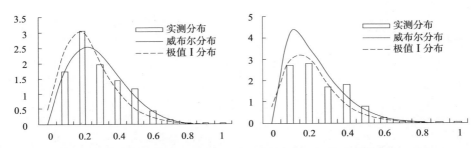

图3-9   上海某钢厂初轧厂均热炉车间15m吊车桁架上弦节点板实测应力分布

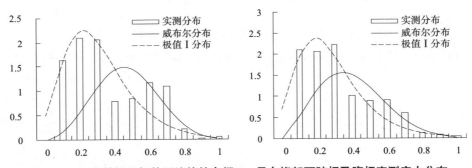

图3-10   上海某钢厂初轧厂均热炉车间15m吊车桁架下弦杆及腹杆实测应力分布

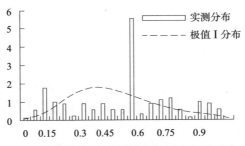

图3-11   上海某钢厂一炼钢主厂房B11柱头实测应力分布

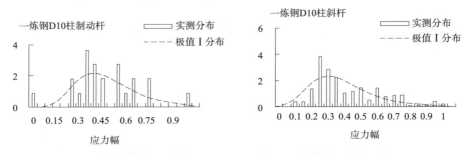

图3-12　上海某钢厂一炼钢主厂房D10柱头制动杆与斜杆实测应力分布

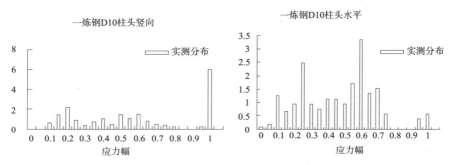

图3-13　上海某钢厂一炼钢主厂房D10柱头竖向与水平向实测应力分布

在估计母体的分布函数时，使经验分布函数 $F_n(x)$ 与母体分布函数 $F_x(x)$ 之间偏差绝对值的最大值 D_n 不超过某一规定值 δ 的概率为 $1-\alpha$，其中 $F_n(x)$ 为

$$F_n(x)=\begin{cases}0 & x<X_i\\ \dfrac{i}{n} & X_i\leqslant x\leqslant X_{i+1} \qquad i=1,2,\cdots,n-1\\ 1 & x\geqslant X_n\end{cases}\qquad(3-21)$$

式中：$X_i\,(i\in n)$——子样观察值，按从小到大排列。

上述要求可写为：

$$P(D_n\leqslant\delta)=1-\alpha\qquad(3-22)$$

式中：$D_n=\sup\limits_{x\in(-\infty,\infty)}|F_n(x)-F_x(x)|$。

给定精度 δ 和置信水平 $1-\alpha$，就可得出所需的最少测试样本数。

荷载统计分布参数 表 3-1

车间名称	吊车类型	统计参数 ($\Delta\sigma/\Delta\sigma_{max}$)		威布尔分布参数		极值I型 分布参数	
		平均值	标准值	θ	β	α	u
北京某钢厂初轧厂均热车间	12m焊接实腹梁	0.6438	0.1896	0.782	7.287	6.761	0.558
		0.6823	0.1755	0.808	7.268	7.304	0.603
上海某钢厂转炉车间炉前跨	6m焊接实腹梁	0.3710	0.1242	0.412	2.470	10.32	0.315
		0.3903	0.1332	0.459	2.863	9.625	0.3303
上海某钢厂转炉车间炉前跨	6m焊接实腹梁	0.2625	0.1206	0.335	2.360	10.63	0.208
		0.3204	0.1471	0.445	3.156	8.715	0.254
山西某钢厂初轧厂均热炉车间	15m铆接桁架梁	0.573	0.154	0.68	5.73	8.325	0.504
上海某钢厂初轧厂均热炉车间	15m焊接桁架梁上弦节点板	0.2419	0.1516	0.328	1.922	8.456	0.173
		0.2125	0.1408	0.237	1.462	9.105	0.149
	15m焊接桁架梁下弦杆	0.314	0.209	0.526	2.873	6.134	0.2199
	15m焊接桁架梁腹杆	0.281	0.197	0.449	2.264	6.508	0.192
上海某钢厂一炼钢柱头	B11柱头竖向	0.4886	0.2625	—	—	4.883	0.37
	D10制动杆	0.439	0.214	—	—	5.99	0.392
	D10制动斜杆	0.388	0.201	—	—	6.377	0.298
	D10柱头竖向	0.565	0.332	—	—	3.861	0.415
	D10柱头横向	0.439	0.223	—	—	5.743	0.338

4. 等效应力幅统计分析

根据实际生产工艺和吊车的运行过程，将应力-时间历程按厂房吊车实际生产过程分为若干时段，由式（2-46）将每个吊车运行生产过程的变幅应力转化为等效等幅应力。

由于吊车工作的随机性，每个运行生产过程产生的等效应力幅 $\Delta\sigma_e$ 不相同，它遵循某一概率分布，要得到规定时间内等效应力幅的概率分布并非一件易事，等效应力幅的分布参数只能由某段时间内吊车梁等效应力幅的概率统计参数去推断。若在测试期间，共有 K 个生产过程，则由统计方法得到 $\Delta\sigma_e$ 子样的均值与标准差：

$$\overline{\Delta\sigma_e} = \frac{1}{K}\sum_{i=1}^{K}\Delta\sigma_{ei} \qquad (3-23)$$

$$\sigma_{\Delta\sigma_e} = \sqrt{\frac{1}{K}\sum_{i=1}^{K}\left(\Delta\sigma_{ei} - \overline{\Delta\sigma_e}\right)^2} \qquad (3-24)$$

变异系数：

$$\delta_{\Delta\sigma_e} = \frac{\sigma_{\Delta\sigma_e}}{\overline{\Delta\sigma_e}} \qquad (3-25)$$

由于用有限的实测数据经统计分析得到统计参数去推断母体的分布参数估计存在着不确定性，将变异系数用式（3-26）修正

$$\delta'_{\Delta\sigma_e} = \delta_{\Delta\sigma_e}\sqrt{\frac{K-2}{K-3}} \qquad (3-26)$$

一般等效应力服从对数正态分布，利用上海某钢厂初轧厂均热炉车间现场24小时测试应力-时间历程曲线与上海某钢厂一炼钢主厂房柱头8小时测试应力-时间历程曲线，根据厂房生产工艺将吊车的每一个生产过程做为一个子样，统计结果如表3-2、表3-3所示。

利用K-S假设检验显著型水平取0.05，检验结果为等效应力幅值均不拒绝服从对数正态分布，如图3-14～图3-19所示。

上海某钢厂初轧厂均热炉车间吊车荷载效应等效应力幅统计结果 表 3-2

构造细节		实测生产过程数	$\overline{\Delta\sigma_e}$（MPa）	$\sigma_{\Delta\sigma_e}$（MPa）	对数正态分布K-S检验	
					$D_n(\alpha)$	$D_{max(x)}$
13~16	上弦节点板1	8	25.5	4.78	0.285	0.175
	上弦节点板2	11	32.4	4.69	0.249	0.218
	腹杆	8	19	3.51	0.285	0.18
	下弦杆	10	17	3.19	0.258	0.117
22~25	上弦节点板1	14	36.8	6.53	0.227	0.103
	上弦节点板2	13	40	11.46	0.234	0.218
	腹杆	10	15.2	5.39	0.258	0.171
	下弦杆	12	15.58	4.21	0.242	0.179

上海某钢厂一炼钢主厂房柱头吊车荷载效应等效应力幅统计结果 表 3-3

构造细节		实测生产过程数	$\overline{\Delta\sigma_e}$（MPa）	$\sigma_{\Delta\sigma_e}$（MPa）	对数正态分布K-S检验	
					$D_n(\alpha)$	$D_{max(x)}$
D10	柱头制动杆	8	96	0	—	—
	柱头斜杆	8	42.6	6.37	0.285	0.214
	柱头竖向	8	82.2	3.45	0.285	0.194
	柱头水平	8	71	5.73	0.285	0.172
B11	柱头竖向	8	202.25	25.26	0.285	0.171

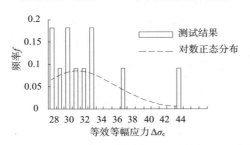
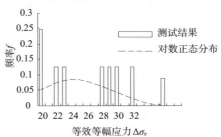

图3-14　上海某钢厂均热炉13～16跨吊车桁架上弦节点板等效应力幅分布

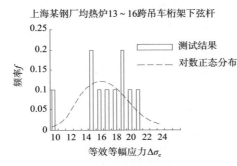
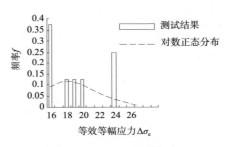

图3-15　上海某钢厂均热炉13～16跨吊车桁架下弦杆及腹杆等效应力幅分布

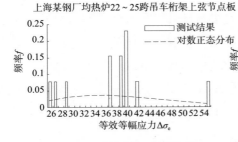

图3-16　上海某钢厂均热炉22～25跨吊车桁架上弦节点板等效应力幅分布

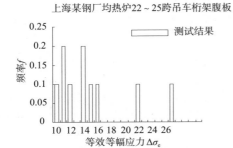
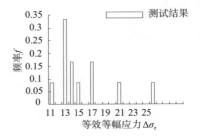

图3-17　上海某钢厂均热炉22～25跨吊车桁架下弦杆及腹杆等效应力幅分布

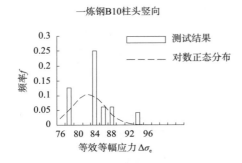 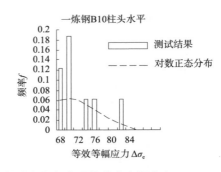

图3-18   上海某钢厂一炼钢主厂房D10柱头竖向与水平等效应力幅分布

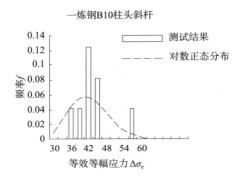 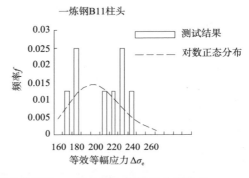

图3-19   上海某钢厂一炼钢主厂房D10柱头斜杆与B11柱头竖向等效应力幅分布

在现场进行应力－时间历程测试时，需要从统计学角度确定测试的子样（生产过程）数目，子样容量越大，根据测试结果对荷载母体的估计也越准确，但同时测试费用也随之上升，因此需要根据给定的指标确定测试最少子样数目。

设 X 服从均值为 μ、方差为 σ^2 的正态分布 $X \sim N(\mu, \sigma^2)$，从母体 X 中抽取容量 n 的子样（$X_1, X_2, \cdots, X_n$），则得到子样均值 $\overline{X}$ 和子样方差 S^2，则 $\overline{X} \sim (\mu, \frac{\sigma^2}{n})$，由 t 分布的定义可知：

$$\frac{\overline{X} - \mu}{\dfrac{S}{\sqrt{n}}} \sim t_{n-1} \tag{3-27}$$

建立概率条件

$$P\left[\frac{\overline{X} - \mu}{\dfrac{S}{\sqrt{n}}} \leqslant t_{n-1}(\alpha)\right] = 1 - \alpha \tag{3-28}$$

对式（3-28）进行变换得到

$$P\left(\overline{X} - t_{n-1}(\alpha)\frac{S}{\sqrt{n}} \leqslant \mu \leqslant \overline{X} + t_{n-1}(\alpha)\frac{S}{\sqrt{n}} \right) = 1-\alpha \qquad (3\text{-}29)$$

式中 $t_{n-1}(\alpha)$ 是自由度为 n-1 的 t 分布的双侧百分位点，由此得到，在 $1-\alpha$ 置信水平下，子样平均值相对误差的置信区间为

$$-\frac{St_{n-1}(\alpha)}{\overline{X}\sqrt{n}} \leqslant \frac{\mu - \overline{X}}{\overline{X}} \leqslant \frac{St_{n-1}(\alpha)}{\overline{X}\sqrt{n}} \qquad (3\text{-}30)$$

令 $\delta = \dfrac{St_{n-1}(\alpha)}{\overline{X}\sqrt{n}}$，$\delta$ 一般取 5%

则所需子样容量为

$$n = \left[\frac{St_{n-1}(\alpha)}{\overline{X}\delta} \right]^2 \qquad (3\text{-}31)$$

如果给定 δ 与置信水平，可由 t 分布数值表查得 $t_{n-1}(\alpha)$，就可以根据样本的均值与方差算出满足给定置信水平的所需样本容量。由以上等效应力幅统计结果可以根据式（3-31）计算出测试时所需的最小样本（生产过程）数量。如表 3-4 所示，从表 3-4 中可以看出，随着置信水平的提高，所需测试的样本容量会增加，由于工业厂房内生产产量与生产过程、应力循环次数密切相关，可根据测试样本的循环次数与生产产量推断出规定产量的循环次数以及所要测试的时间。

测试样本（生产过程）数量的确定　　　　　　　　　　表 3-4

构造细节		实测生产过程数	$\overline{\ln \Delta \sigma_e}$（MPa）	$\sigma_{\ln \Delta \sigma_e}$（MPa）	所需的测式样本（生产过程）数量 n	
					95%置信度	90%置信度
上海某钢厂 13~16	上弦节点板1	8	3.22	0.203	9	7
	上弦节点板2	11	3.467	0.152	6	5
	腹杆	8	2.924	0.280	10	8
	下弦杆	10	2.8137	0.197	11	8
上海某钢厂 22~25	上弦节点板1	14	3.59	0.183	7	5
	上弦节点板2	13	3.64	0.294	13	10
	腹杆	10	2.65	0.367	38	20
	下弦杆	12	2.707	0.279	14	12
上海某钢厂 一炼钢	B11柱头	8	5.3	0.136	4	3
	D10柱头斜杆	8	3.74	0.163	6	5
	D10柱头竖向	8	4.415	0.046	3	3
	D10柱头水平	8	4.258	0.088	3	3

要考察在一定应力谱作用下构件或连接的疲劳损伤情况，估算其疲劳寿命或强度，需要知道在各种应力幅水平下的循环次数。这里可以有很多方法对一个随机变化的交变应力时程曲线进行统计，得到 $\Delta\sigma_i$ 及对应的 n_i。使用 Miner 线性累积损伤准则时应用不同的计数方法，将得到不同的结果，有时甚至相差一个数量级。究竟哪一种方法较好，尚没有肯定的答案。一般来说，凡是好的计数方法必须计入一个幅度为最高峰到最低谷的循环，而且在幅度不同的大小"峰-谷"包容中应尽量设法使所计入的变化幅度达到最大，有时还希望统计出跨越某一应力水平的次数。

（1）幅度计数法

图 3-20 为幅度计数法的示例。具体方法是先计算一些小幅度的循环，然后将其略去，剩下的幅度稍大的循环；再以同样方法计入两个循环 $\Delta\sigma=140\sim50$ 及 $\Delta\sigma=160\sim(-120)$ 各一个，最后剩下 $\Delta\sigma=250\sim(-140)$ 一个。如此累计，可得到不同 $\Delta\sigma_i$ 所对应的循环次数 n_i。

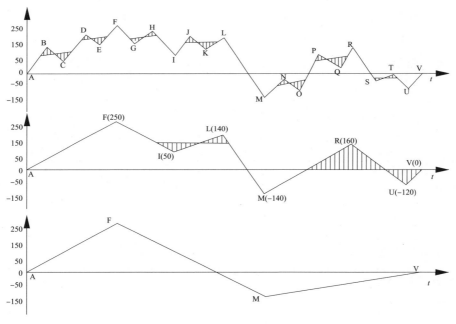

图3-20 幅度计数法

（2）雨流法

这个计数方法是由 Matsuiski 和 Endo 在 1968 年提出来的。这个方法即使不是全部，但也能保证大部分最大可能存在的应力幅得到计算。雨流法是将应力谱图旋转90°使时间坐标轴垂直向下，并用锯齿模式代替实际记录到的应力图形，而峰值与谷值的大小不变。这样波形就好像重叠的屋面，计数方法是从O点开始，想像有雨水从屋面流下，从一层屋面流到另一层屋面。图3-21就是用这种形式表示的典型应力频谱，图中右侧尖点a、c、e、g、i等称为波峰，左侧尖点b、d、f、h等称为波谷。有雨滴从各斜面最高点处向下流动，可以从左向右流动，也可以从右向左流动，现在按下面规定的几条规则来计数：

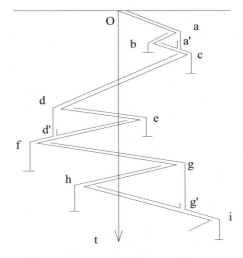

图3-21　雨流计数法简图

①始于波峰的雨流落到高于始点的波峰则止。例如始于a的雨流止于c点的水平线；始于g点的雨流止于i点的水平线。

②始于波谷的雨流落到低于始点的波谷则止。例如始于a点的雨流流止于b点的水平线；始于O点的雨流止于d点的水平线，始于d点的雨流止于f点的水平线。

③流动的雨流遇到从上面滴下的雨流则止。例如图中a′、d′、g′各点，屋面雨流到此均止，可称为"坡流让滴流"。

每条雨流路径的开始与终结组成半个循环，如oaa′c、cdd′f等，它们构成了应力的单幅值（正或负）。半个正循环（从左到右）和半个负循环（从右到左）组成一个循环，如ded′、aba′、ghg′等，只是它们的幅值各不相同。在实际计算中，可以根据应力幅的分级（例如将最大应力幅分为10级）将其归入不同的级别中，得到总循环次数。

每一个幅值不同的应力循环都造成一定的疲劳损伤，可以看出，用上面的计数法可以统计出各种应力幅水平的疲劳损伤度。图3-22为材料对应于图3-21所示的荷载－时间历程迟滞回线，由图中可以看出，同雨流法所得结果完全一致。

利用雨流法对几座车间钢吊车梁疲劳安全控制部位的应力－时间历程曲线进行循环计数，得到应力幅分布直方图，如图3-5～图3-19所示。

由以上吊车荷载效应的分析中可以得出以下结论：

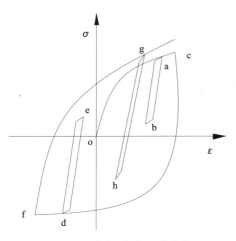

图3-22 应力-应变迟滞曲线

①吊车荷载与生产工艺密切相关；

②以吊车运行的生产过程为单位进行抽样是合理的；

③每个抽样的分布相同，且随着样本容量的增加约接近于真值；

④应力幅分布应根据现场测试的时间历程曲线经循环统计计数处理后确定，吊车荷载效应的等效应力幅不拒绝服从对数正态分布；

⑤根据等效应力幅估计值与真值或置信区间来确定样本容量的大小，从而确定测试时间以减少测试工作量。

3.2.3　在役钢吊车梁疲劳抗力统计分析

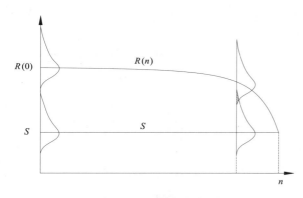

图3-23 剩余强度模型

疲劳抗力是随着时间或应力循环次数增加而衰减的随机过程。疲劳抗力的剩余强度模型如图3-23所示，而对于吊车梁中的结构焊接构件来说对疲劳起控制作用的是应力幅，所以疲劳抗力用疲劳强度来描述。

由于结构材料组成、构件的制作工艺和方法、构件表面状况等因素的影响，结构的疲劳性能是不确定的，因此，在一定应力幅下的结构寿命和一定应力循环次数下的结构疲劳强度为随机变量，由于 m 的变异性很小，一般分析中将参数 m 视为确定的量，C 作为随机变量处理。对式（2-3）两边取对数得到

$$\lg N + m\lg\Delta\sigma = \lg C$$

在双对数坐标系中，$S\text{-}N$ 曲线为一直线，在规定的应力水平下，对 n 个结构构件进行疲劳试验可以得到在此应力水平下的疲劳寿命对数均值与对数标准差

$$\mu_{\lg N} = \frac{1}{n} \sum \lg N_i$$

$$\sigma_{\lg N} = \sqrt{\frac{1}{n-1} \sum (\lg N_i - \mu_{\lg N})^2}$$

（3-32）

从而求得结构的材料性能参数 $\lg C$ 的平均值与标准差为

$$\mu_{\lg C} = m \lg \Delta \sigma + \mu_{\lg N}$$

$$\sigma_{\lg C} = \sigma_{\lg N}$$

（3-33）

一般认为疲劳寿命服从对数正态分布，则在给定的循环次数情况下，疲劳强度也服从对数正态分布，如图 3-4 所示，其均值与标准差分别由下式给出

$$\mu_{\lg \Delta \sigma_R}(t) = \frac{\mu_{\lg C} - \lg(n_y t)}{m}$$

（3-34）

$$\sigma_{\lg \Delta \sigma_R}(t) = \frac{\sigma_{\lg N}}{m}$$

式中：n_y——推算的每年的应力幅循环作用次数。

根据国内近年来对钢结构构造细节、普通螺栓、高强螺栓连接构件所做试验研究，结合对已有资料分析并参考国外的试验结果，将规范中 8 类连接类别 S-N 曲线与 2×10^6 次对应 $\lg \Delta \sigma_R$ 的标准差统计结果列入表 3-5。

疲劳抗力统计参数　　　　　　　　　　　表 3-5

构件和连接类别	$\lg N = \lg C - m \lg \Delta \sigma$	$\sigma_{\lg N}$	$\sigma_{\lg \Delta \sigma_R}(t) = \dfrac{\sigma_{\lg N}}{m}$
1	$\lg N = 15.652 - 4 \lg \Delta \sigma$	0.182	0.045
2	$\lg N = 15.343 - 4 \lg \Delta \sigma$	0.204	0.051
3	$\lg N = 12.933 - 3 \lg \Delta \sigma$	0.210	0.07
4	$\lg N = 12.84 - 3 \lg \Delta \sigma$	0.251	0.0837
5	$\lg N = 12.603 - 3 \lg \Delta \sigma$	0.218	0.0727
6	$\lg N = 12.438 - 3 \lg \Delta \sigma$	0.228	0.076
7	$\lg N = 12.171 - 3 \lg \Delta \sigma$	0.179	0.0597
8	$\lg N = 11.981 - 3 \lg \Delta \sigma$	0.184	0.0613

3.3 钢吊车梁疲劳动态可靠性分析模型

有许多学者在材料与结构疲劳强度与力学性能的统计分析方面提出的方法大都是针对一个给定的疲劳寿命情况下，视疲劳强度与疲劳荷载为随机变量，给出某一点的疲劳可靠度。实际上疲劳荷载与疲劳抗力都是随时间（荷载作用循环次数）改变的，也就是说荷载与抗力都是随机过程。

1. 常用疲劳可靠度分析模式

疲劳破坏是由裂纹尖端的应力应变场在重复荷载作用下，裂纹不断扩展形成的；而 Miner 线性累积损伤准则是从能量积累的角度反映了这一过程。因此，可以建立以下三种极限状态模式：

（1）极限应力模式

极限状态方程见式（3-15）所示。

（2）疲劳承载力模式

$$R - S \geqslant 0 \qquad (3-35)$$

式中：S——结构构件承受的变幅重复荷载效应（弯矩、扭矩、剪力等）随机变量；

R——结构构件在相应的变幅重复荷载效应作用下的疲劳承载能力。

（3）极限损伤度模式

$$D \leqslant \alpha \qquad (3-36)$$

式中：D——材料或构造细节的累积损伤度；

α——材料或构造细节的极限损伤指标，一般可取为 1.0。

如果材料或构造细节的疲劳性能符合 Miner 线性累积损伤准则并设 $\alpha=1.0$，则上是可写为

$$D = \frac{n_1}{N_1} + \frac{n_2}{N_2} + \cdots + \frac{n_i}{N_i} + \cdots = \sum \frac{n_i}{N_i} \leqslant 1 \qquad (3-37)$$

与《钢结构设计规范》GB 50017—2003 容许应力法做疲劳验算不同，这里的各基本变量都应看作随机变量，各变量只能以一定的概率出现，于是可求出构件或构造细节的疲劳破坏失效概率或可靠指标。但是以上疲劳可靠性分析模型都是静态的可靠性分析，它求出的可靠性不随着时间变化，故不能满意地解决工程实际问题，实际的疲劳荷载与抗力都是随机的，是随机过程，应建立疲劳动态可

靠度分析模型。

2. 基于极限应力模式的疲劳动态可靠度分析模型

在引入时间因素之后,作用和抗力均变为随机过程;作用效应随过程用 $S(t)$, $t \in T$ 表示,抗力随机过程用 $R(t)$, $t \in T$ 表示。$[0, T]$ 是人为规定的基准期,即为可靠度定义中的规定时间。这时,结构的功能函数仍如前所定义,但它与时间有关,称为功能随机过程,最常见的功能随机过程有如下三类:

$$Z(t) = R - S(t) \qquad (t \in T) \qquad (3-38)$$

$$Z(t) = R(t) - S \qquad (t \in T) \qquad (3-39)$$

$$Z(t) = R(t) - S(t) \qquad (t \in T) \qquad (3-40)$$

前两类统称为作用—抗力半随机过程模型,后一种情况称为作用—抗力全随机过程模型。

在结构的服役期内,对于每个指定的时刻 $t = t_i$, $t_i \in T$,功能随机过程 $Z(t)$ 的取值为随机变量。因此可以说,功能随机过程 $Z(t)$ 是依赖于时间 t 的随机变量系 $Z(t_1)$, $Z(t_2)$, $\cdots$, $Z(t_n)$,这样,随机过程与随机变量存在着相互对应的联系。

根据服役结构可靠性的特点,其数学模型宜采用全随机过程模型。服役结构动态可靠性模型可以根据不同情况,定义不同的可靠性数量指标,最一般的是结构瞬时可靠度。

结构的疲劳动态可靠性定义为:在规定的时间内,在正常使用、正常维护条件下,考虑抗力随作用循环次数增长而衰减等因素的影响,结构服役某一时刻后在后续服役基准期内能完成预定功能的能力。用可靠度度量为

$$P_s(t) = P\{(Z(t) > 0, t \in [0, t]\} \qquad (3-41)$$

式中: t ——结构服役分析时刻,动态变量;

$Z(t)$ ——考虑结构 t 时刻预期技术状况影响的功能函数,为全随机过程,可以表示为式(3-40);

$R(t)$ ——考虑 t 时刻预期结构状态修正的疲劳抗力随机过程;

$S(t)$ ——考虑 t 时刻预期结构工作状态修正和后续服役基准变化的疲劳荷载效应随机过程。

从上面的定义可看出在役结构疲劳动态可靠度属于瞬时可靠度。瞬时可靠度随时间 t 而异，但对于确定的时刻，则为一确定量。

对于在役钢结构吊车梁来说，由于钢结构吊车梁大部分构件都有焊接构件组成，而影响焊接构件疲劳强度的因素主要是应力幅，所以疲劳抗力用疲劳强度描述，而疲劳荷载效应用等效应力幅描述。则上式变为：

$$P_s(T) = P\{Z(t) > 0, \ t \in [0, \ T]\} \tag{3-42}$$
$$= P\{\Delta\sigma_R(t) > \Delta\sigma_e, \ t \in [0, \ T]\}$$

式中：$\Delta\sigma_R(t)$——结构在变幅重复应力作用下的疲劳强度，是随机过程；

$\Delta\sigma_e$——结构相应的变幅重复应力作用下的等效应力幅，是随机变量。

该式表示结构在其每一时刻 t 的疲劳强度都大于等效应力幅时结构才能处于可靠状态。若疲劳强度 $\Delta\sigma_R(t)$ 与疲劳荷载 $\Delta\sigma_e$ 相互统计独立，其概率密度函数分别为 $f_{\Delta\sigma_R}(\Delta\sigma_R, t)$、$f_{\Delta\sigma_e}(\Delta\sigma_e, t)$，则由上式得到结构疲劳可靠度为

$$P_s(T) = \int_{-\infty}^{\infty}\left[\int_{\Delta\sigma_R}^{\infty}(f_{\Delta\sigma_R}(\Delta\sigma_R, t)\mathrm{d}\Delta\sigma_R\right]f_{\Delta\sigma_e}(\Delta\sigma_e, t)\mathrm{d}\Delta\sigma_e \tag{3-43}$$

疲劳强度与等效应力幅的统计参数可用前述的方法得到，若已知疲劳强度 $\Delta\sigma_R(t)$ 与疲劳荷载 $\Delta\sigma_e(t)$ 的分布，则可由直接积分或用蒙特卡罗模拟法求解。

在给定时刻 t 或给定循环次数 n 的情况下，疲劳强度就是一个随机变量，则式（3-43）就可利用一次二阶矩求解，如果疲劳强度与等效应力幅均服从对数正态分布，则可靠指标为

$$\beta = \frac{\mu_{\lg\Delta\sigma_R}(n) - \mu_{\lg\Delta\sigma_e}}{\sqrt{\sigma_{\lg\Delta\sigma_R}^2(n) + \sigma_{\lg\Delta\sigma_e}^2}} \tag{3-44}$$

式中：$\mu_{\lg\Delta\sigma_R}(n)$——构造疲劳强度的对数均值；

$\mu_{\lg\Delta\sigma_e}$——等效等幅应力对数均值；

$\sigma_{\lg\Delta\sigma_R}(n)$——疲劳强度对数标准差；

$\sigma_{\lg\Delta\sigma_e}$——等效等幅应力对数标准差。

失效概率为

$$P_f = 1 - \Phi(\beta) \tag{3-45}$$

式中：$\Phi(\beta)$——标准正态分布函数。

3. 基于累积损伤模式的疲劳动态可靠性模型

工程结构的疲劳破坏是结构内部损伤的逐渐累积过程,随着循环次数的增加,结构内部的疲劳损伤单调增加,而结构抵抗外载的能力下降,如果定义累积损伤 $D(n)$,则其极限状态方程为:

$$D(n)-D_c \leqslant 0 \qquad (3-46)$$

式中:$D(n)$——累积损伤,随循环次数 n 单调增加,是一个随机过程;

$\qquad$ D_c——临界损伤值,是一个随机变量。

当上式满足时构件安全,如图 3-24 所示。

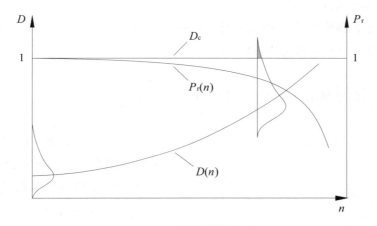

图3-24　累积损伤模型

Miner 累积损伤理论能较好地预测工程结构在随机载荷作用下的均值寿命,而在工程结构的抗疲劳设计与分析得到普遍应用。Miner 线性累积损伤理论可由下式描述:

$$D(n) = \sum_{i=1}^{n} \Delta D_i = \sum_{i=1}^{n} \frac{1}{N_i} \qquad (3-47)$$

若循环应力幅值连续变化,把 $S\text{-}N$ 曲线方程代入上式得到

$$D(n) = \sum_{i=1}^{n} \frac{\Delta \sigma_i^m}{C} = \frac{nE(\Delta \sigma^m)}{C} \qquad (3-48)$$

则疲劳极限状态方程式变为:

$$\frac{nE(\Delta \sigma^m)}{C} - D_c = 0 \qquad (3-49)$$

式中，C、$\Delta\sigma$ 和 D_c 为随机变量。材料性能参数 C 一般认为服从对数正态分布，其对数均值与对数标准差可以通过常幅疲劳试验获得，或者通过规范中规定的材料性能参数得到：

$$\mu_{\lg C} = \lg C_d + 2\sigma_{\lg C}$$
$$\sigma_{\lg C} = \sigma_{\lg N} \tag{3-50}$$

式中：C_d——规范中规定的具有 97.7% 保证概率的设计值。

　　一般认为临界损伤服从均值为 1.0、标准差为 0.3 的对数正态分布。应力幅 $\Delta\sigma$ 根据应力－时间历程曲线经循环统计计数得到应力幅 $\Delta\sigma$ 服从某种分布，应力幅的分布一般用瑞利分布、极值 I 型分布或威布尔分布来近似，则应力幅的 m 阶原点矩就可以得到。

　　当以上各随机变量确定后，可求得在每一个应力循环次数下的可靠指标 $\beta(n)$ 与失效概率 $P_f(n) = \Phi[-\beta(n)]$。

3.4　在役钢吊车梁疲劳可靠性评估实例

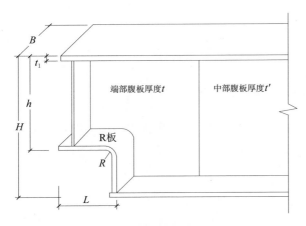

某炼钢厂原料跨、一浇铸跨、二三四浇铸跨 28m，21m 圆弧端吊车梁，其端头形式如图 3-25 所示，使用 15 年后发现大部分吊车梁圆弧端焊缝疲劳开裂。

1. 吊车梁圆弧端动态应力谱测试

现场在原料跨、一浇铸跨、二三四浇铸跨分别选取一根吊车梁进行动态应力测试，采用 TDS830 动态应变

图3-25　典型吊车梁圆弧端示意图

采集仪接收信号，由 QU08 采集器采集，然后进入计算机进行监视、处理并存储，电阻应变片采用箔式电阻应变片，电缆线采用 0.15×15 双芯屏蔽电缆线。测试在正常生产条件下连续测试 24 小时，并记录测试吊车梁上吊车运行的情况（吊重等）。采用雨流法分析结果见表 3-6，经 K-S 假设检验等效应力幅不拒绝服从对数正态分布。

吊车梁圆弧端动态应力幅实测结果　　　　　　　　　　　　表3-6

测试吊车梁部位	测试应力循环次数Σn_i^*（次）	推算每年循环次数n_y（次）	等效应力幅$\Delta\sigma_e$（Mpa）	
			均值	标准差
原料跨B轴10～11线	443	1.60×10^5	122	2.93
一浇注跨E轴10～11线	446	1.61×10^5	76	1.82
二浇注跨F轴8～9线	397	1.42×10^5	71	1.70

2. 模型疲劳试验

为了确定吊车梁圆弧端的疲劳强度，专门制作了吊车梁圆弧端模型进行疲劳试验。模型试件按照吊车梁圆弧端的实际尺寸以1:5的比例缩小制作。共有两种模型试件，分别对应跨度28m和20m的吊车梁，编号分别为L28和L20。材料选用Q345钢。将试验结果进行回归分析得到方程（3-51）。

$$\lg N = 12.16 - 2.72 \lg \Delta\sigma \qquad （3-51）$$

标准差$S = 0.27$，相关系数$r = -0.731$，从相关系数可知试验数据相关性好。则由以上圆弧端模型疲劳试验结果可知疲劳强度对数正态分布的分布参数为

$$\mu_{\lg\Delta_{\sigma_R}}(t) = \frac{\mu_{\lg C_0} - \lg(n_y t)}{m} = \frac{12.16 - \lg(n)}{2.72} \qquad （3-52）$$

$$\sigma_{\lg\Delta_{\sigma_R}}(t) = \frac{\sigma_{\lg N}}{m} = \frac{0.27}{2.72} = 0.099 \qquad （3-53）$$

3. 可靠寿命评估

对原料跨、一浇铸跨、二三四浇铸跨吊车梁圆弧端疲劳可靠度评估，计算结果见图3-26所示。

由图3-26中可以看出，对于原料跨30m吊车梁到目前使用15年的可靠指标为0.43，即出现裂缝的概率为66.7%，而实际上该吊车梁已经出现裂缝。对于一浇注跨21m吊车梁到目前使用15年的可靠指标为2.46，出现裂缝的概率为0.6%，实际上该吊车梁情况良好，再使用5年的可靠指标为2.0，出现裂缝的概率为2.3%。对于二三四浇注跨20m吊车梁到使用15年的可靠指标为2.95，在使用10年的可靠指标为2.0，出现裂缝的概率为2.3%，以上评估结果与吊车梁实际情况相符。

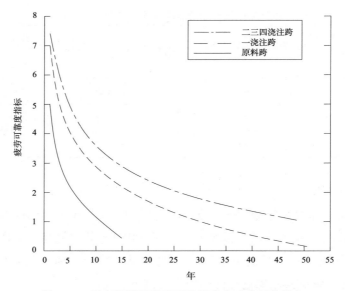

图3-26 吊车梁圆弧端不同使用寿命疲劳可靠指标

第4章 基于可靠度的疲劳性能研究及极限状态疲劳设计方法

我国设计规范大部分结构设计采用的是基于可靠度的概率极限状态设计方法，而对于钢结构疲劳设计和评估方法仍停留在容许应力阶段，在理论上已落后于整体发展水平。因此，迫切需要研究在役钢吊车梁基于可靠度的疲劳性能评定方法，对我国钢结构设计规范中疲劳可靠指标进行校准，提出极限状态疲劳设计方法。

4.1 基于可靠度的疲劳性能评定

钢结构中承受 A6 ~ A8 级吊车的吊车梁和 A4 ~ A8 级吊车的吊车桁架，应进行钢结构疲劳性能评定。钢结构吊车梁或吊车桁架疲劳损伤，应检查疲劳裂缝、杆件断裂、螺栓铆钉松动脱落情况。对吊车运行特别繁重的吊车梁，宜实测在正常生产状态下的应力 – 时间变化关系，确定吊车荷载的繁重程度，按实测数据评估吊车梁的疲劳性能。

吊车梁疲劳强度按现行《钢结构设计规范》GB 50017—2003 验算，欠载效应的等效系数实测值大于规范建议值时，应采用实测值。吊车梁投入使用不到 50 年的，应力幅循环次数按对应 50 年的次数计算；投入使用超过 50 年的，按 50 年加目标使用期的次数计算。对没有出现疲劳裂缝的吊车梁，按表 4-1 评级。对已有疲劳裂缝的吊车梁，不应评为 a 级或 b 级，吊车梁腹板受压区附近存在疲劳裂缝但不影响静力承载能力时可以评为 c 级，吊车梁受拉区或吊车桁架受拉杆及其节点板存在疲劳裂缝时，应评为 d 级。

吊车梁疲劳性能评定等级 表 4-1

a	b	c
$\Delta\sigma/[\Delta\sigma] \geqslant 1.00$	$1.00 > \Delta\sigma/[\Delta\sigma] \geqslant 0.95$	$\Delta\sigma/[\Delta\sigma] < 0.95$
$\beta > 3.2$	$\beta \geqslant 2.7$	$\beta < 2.7$

注：$\Delta\sigma$ 为考虑欠载效应等效系数的计算应力幅，$[\Delta\sigma]$ 为循环次数为 2×10^6 次的容许应力幅，β 为疲劳可靠指标。

吊车梁疲劳强度是与时间（或应力循环次数）有关的强度，即使验算结果表明疲劳强度不足，但对于使用时间较短的吊车梁来说，在一定的期限内仍然是安全的。另一方面，即使疲劳强度验算满足要求，对于超过设计基准期的吊车梁来说，有可能也是不安全的。

现有技术能力还不能很准确地预测吊车梁的疲劳破坏，实际工程中，正常设计正常施工的吊车梁在投入使用 10 年以后发生疲劳问题的情况屡见不鲜。要保证吊车梁的安全，必须在使用阶段定期检查，因此，吊车梁疲劳性能的安全等级应根据疲劳强度验算结果和现场疲劳裂缝检查结果综合评定。表 4-1 评级没有 d 级，是因为很多情况下验算时还没有到达要出现裂缝时间，同时从裂缝出现到破坏也需要一定时间，在这个时间内可对吊车梁采取安全措施。

吊车梁腹板受压区附近出现疲劳裂缝是一种常见的损伤，这种疲劳裂缝发展比较缓慢，根据已往实际工程经验，只要管理到位，做到及时检查及时维修，就不会造成事故，因此当裂缝较短不至于影响到静力承载能力时，可以评为 c 级。吊车梁受拉区或吊车桁架受拉杆及其节点板的疲劳裂缝，发展迅速，结构很快就会丧失承载能力，一旦发现这种疲劳裂缝，就应该评为 d 级。

4.2　基于可靠度的疲劳剩余寿命评估研究

4.2.1　在役钢吊车梁可靠疲劳剩余寿命评估

1. 在役钢吊车梁可靠疲劳剩余寿命的评估方法

对于在役钢吊车梁而言，累积损伤 $D(t)$ 包含两部分，一是使用过程中已产生的损伤 $D(T_0)$，二是未来时间内产生的损伤 $D(T)$。

则式（3-49）变为

$$D_c - D(T_0) - D(T) = 0 \qquad (4-1)$$

或：

$$D_c - \frac{N_e \Delta \sigma_e^m}{C} T_0 - \frac{N_e' \Delta \sigma_e'^m}{C} T = 0 \qquad (4-2)$$

式中：N_e、N_e'——变幅循环荷载作用下，已使用时间段 T_0、未来时间段 T 的单位时间内的循环次数；

$\Delta \sigma_e$、$\Delta \sigma_e'$——$[0,T_0]$，$[T_0,T_0+T]$ 时间段内预测变幅荷载作用下的等效等幅应力幅。

$$\Delta\sigma_{\mathrm{e}}^{\,m}=\frac{\sum\limits_i n_i\Delta\sigma_i^{\,m}}{n} \tag{4-3}$$

式中，C、m、$\Delta\sigma_{\mathrm{e}}$、$N_{\mathrm{e}}$ 和 D_{c} 为随机变量，可利用现场实测荷载数据与构件连接的疲劳 S-N 曲线统计得到。

等效等幅应力幅 $\Delta\sigma_{\mathrm{e}}$、$\Delta\sigma'_{\mathrm{e}}$ 与单位时间内的循环次数 N_{e}、N'_{e} 可根据现场测试足够长应力－时间历程曲线与以往荷载历史经循环统计计数得到。

若使用条件未发生变化，即 $\Delta\sigma=\Delta\sigma'$，$N_{\mathrm{e}}=N'_{\mathrm{e}}$，则式（4-2）可写为：

$$D_{\mathrm{c}}-\frac{N_{\mathrm{e}}}{C}\Delta\sigma_{\mathrm{e}}^{\,m}(T_0+T)=0 \tag{4-4}$$

若累积损伤 $D(t)$ 与临界损伤都服从对数正态分布，则可靠指标为：

$$\beta(T)\approx\frac{\ln(\mu_{D_{\mathrm{c}}}/\mu_{D(t)})}{\sqrt{\delta_{D(t)}^2+\delta_{D_{\mathrm{c}}}^2}} \tag{4-5}$$

式中：$\mu_{D_{\mathrm{c}}}$、$\mu_{D(t)}$——临界损伤与累积损伤的均值；

$\delta_{D_{\mathrm{c}}}$、$\delta_{D(t)}$——临界损伤与累积损伤的变异系数。

由式（3-49）得到：

$$\mu_{D(t)}=\frac{\mu_{N_{\mathrm{e}}}\Delta\sigma_{\mathrm{e}}^{\,m}}{\mu_{\mathrm{C}}}(T_0+T) \tag{4-6}$$

$$\delta_{D(t)}=\sqrt{\delta_{\mathrm{C}}^2+\delta_{N_{\mathrm{e}}}^2} \tag{4-7}$$

式中，μ_{C}、$\mu_{N_{\mathrm{e}}}$ 分别为材料性能参数 C 与单位时间内的循环次数 N_{e} 的均值。

则由式（4-5）得到疲劳剩余使用寿命 T 为：

$$T=\frac{\mu_{\mathrm{C}}}{\exp(\beta\sqrt{\delta^2_{D_{\mathrm{c}}}+\delta^2_{\mathrm{C}}+\delta^2_{N_{\mathrm{e}}}})\,\Delta\sigma_{\mathrm{e}}^{\,m}\mu_{N_{\mathrm{e}}}}-T_0 \tag{4-8}$$

如果利用现场测试的应力－时间历程曲线来推断整个使用期的荷载特征，则式（4-8）变为：

$$T=\frac{\mu_{\mathrm{C}}T^*}{\exp(\beta\sqrt{\delta^2_{D_{\mathrm{c}}}+\delta^2_{\mathrm{C}}+\delta^2_{N_{\mathrm{e}}}})\,\sum\limits_i n_i^*\Delta\sigma_i^{\,m}}-T_0 \tag{4-9}$$

式中：n_i^*、T^*——应力幅 $\Delta\sigma_i$ 在测试样本中出现的次数与测试时间。

令 $\varphi = (1 - 2\delta_C) \exp(\beta\sqrt{\delta_C^2 + \delta_{N_e}^2 + \delta_{D_c}^2})$ 为时间效应系数，考虑可靠指标与临界损伤、材料参数和时间的变异性。

式中：β——疲劳可靠指标；

δ_{D_c}——临界损伤变异系数，一般取 0.3；

δ_C——材料性能参数 C 的变异系数（0.04 ~ 0.08），通过构件连接的疲劳 S-N 曲线统计得出；

δ_{N_e}——单位时间内循环次数的变异系数，通过现场实测荷载数据统计得出。

则式（4-9）变为

$$T = \frac{CT^*}{\varphi\sum n_i^* \Delta\sigma_i^m} - T_0 \tag{4-10}$$

可靠指标与时间效应系数的关系如式（4-11）所示

$$\beta = \frac{\ln\left(\dfrac{\varphi}{1 - 2\delta_C}\right)}{\sqrt{\delta_C^2 + \delta_{N_e}^2 + \delta_{D_c}^2}} \tag{4-11}$$

当 $\varphi=3.0$，$\delta_{D_c}=0.3$，$\delta_{N_e}=0.3$ 时，可靠指标 β 与累积损伤的变异性 δ_C 的关系如图4-1所示。

由图4-1可以看出，疲劳可靠指标不仅与时间效应系数有关，而且与累积损伤与临界损伤的变异性有关，当给定时间效应系数与临界损伤的变异性时，疲劳可靠指标随着累积损伤变异性的增大而减小。

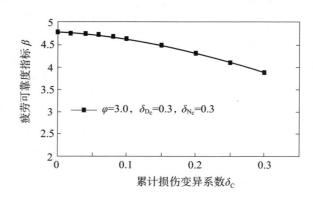

图4-1 累积损伤变异系数与可靠指标的关系

图 4-2、图 4-3 给了时间效应系数 φ 与可靠指标 β、循环次数变异系数 δ_{N_e} 的对应关系，在图中可看出时间效应系数的取值与 δ_{N_e} 较为密切，δ_{N_e} 越大，相同失效概率条件下，所需要的时间效应系数越大，δ_{N_e} 越小，相同失效概率条件下，所需要的时间效应系数越小。《结构设计基础——既有结构的评定》ISO 13822 中建议的疲劳目标可靠指标范围为 2.3 ~ 3.1，当结构构件的疲劳裂缝可检查时，疲劳目标可靠指标取为 2.3，当结构构件的疲劳裂缝不可检查时，疲劳目标可靠指标取为 3.1。表 4-2 中给出了不同 δ_{N_e}、不同可靠指标情况下的时间效应系数取值范围。建议在可检测的条件下，时间效应系数取值范围为 1.5 ~ 3.0，在不可检查的条件下，

时间效应系数取值范围为 2.0～4.0 之间。在冶金工厂炼钢、连铸车间吊车梁的测量总时间为 24 小时时可取为 2.0。

δ_{N_e}	β=2.3（定期检查）	β=2.8	β=3.1（无法检查）
0.05	1.7	2.1	2.2
0.1	1.8	2.2	2.3
0.2	2.0	2.5	2.6
0.3	2.3	2.9	3.2
0.4	2.7	3.6	4.0
0.5	3.3	4.6	4.6

不同 δ_{N_e} 不同可靠指标 β 的时间效应系数　　　　表 4-2

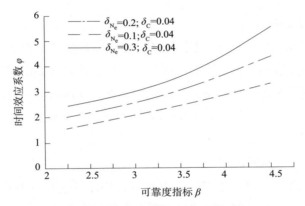

图4-2　可靠指标β与时间效应系数φ的对应关系

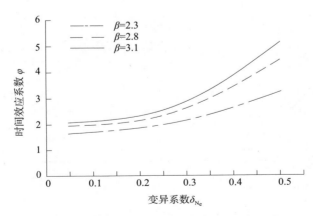

图4-3　变异系数δ_{N_e}与时间效应系数φ的对应关系

若使用条件未发生变化，给定目标可靠指标和各随机变量的统计参数，可以利用式（4-10）进行剩余疲劳寿命评估。

综上所述，在役钢结构吊车梁剩余疲劳寿命的可靠寿命评估步骤为：

①根据构造与连接细节，通过试验或规范规定得到 S-N 曲线的 m、C 及其统计参数；

②根据现场测试的应力－时间历程曲线和以往的荷载历史经循环统计计数（雨流法）得到等效等幅应力幅值 $\Delta\sigma_e$、$\Delta\sigma'_e$ 与 N_e、N'_e 的分布及其统计参数；

③由一次二阶矩方法根据式（4-5）计算得到不同的继续使用寿命 T 的可靠指标 $\beta(T)$；

④分析所有发生疲劳的可能细节，重复以上各步，计算得到最小寿命即为所求疲劳剩余寿命。

4.2.2 工程实例

某吊车桁架如图 4-4 所示，钢材采用 Q235，上弦杆为焊接工字型截面，上弦与节点板为焊接连接，腹杆和下弦杆与节点板的连接均采用铆钉连接。吊车桁架的节点连接一般采用焊接、高强螺栓连接或铆钉连接，节点板的最大应力一般是按 30° 扩散角计算，由于实际节点板的连接情况复杂多变，这种方法不能保证很精确。

1. 节点板静力应力测试

利用静态电阻应变仪对吊车桁架部分节点和杆件进行应力测试。在端斜杆、下弦杆两个弦节点板上分别布置测点，测点布置如图 4-4 所示，测点 1、2、3 为

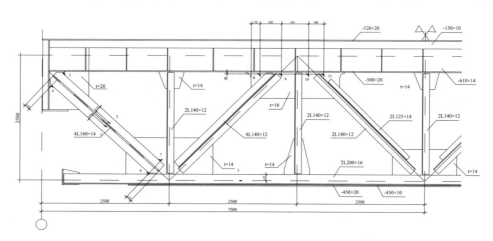

图4-4　吊车桁架外形尺寸及静力测试测点布置图

应变片，测点 4 至测点 11 为互相垂直的两个单片组成测点，所有测点均在正面和背面对称布置应变片。实测时用一台 10t 钳吊满载加载，加载时小车尽量靠近吊车桁架一侧。每台吊车在每榀吊车桁架上有 6 个加载位置，用以模拟吊车桁架上的运行过程，如图 4-5 所示，部分实测结果见表 4-3。铆接节点板最大应力一般出现在腹杆最外端铆钉孔处，但此处不能直接布置测点，实际测点位置的应力并不是节点板最大应力，不能直接用来验算疲劳强度。但实测结果可以验证有限元计算结果，从而通过有限元计算得出节点板最大应力。

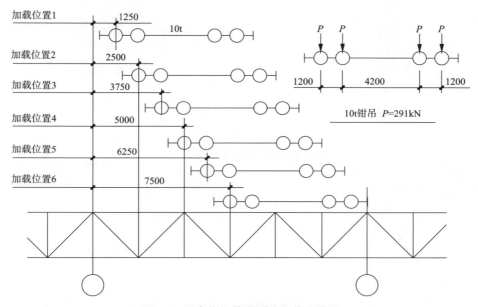

图4-5 吊车桁架静态测试加载位置图

2. 有限元计算

为了考虑杆件偏心、杆件与节点板连接约束情况和上弦节间荷载的影响，有限单元计算模型中，上弦杆支座与节点板采用板壳单元，腹杆与下弦杆采用梁单元（图 4-6），在铆钉位置、腹杆与下弦杆通过刚性很大的梁单元与节点板相连接，模

图4-6 有限元计算模型

型中没有考虑为了保证下弦的稳定性而设的下弦端部与柱连接的零杆。为使有限元法所构模型分析更接近实际，荷载取值为一台 10t 钳吊满载作用下的现场测定值，最大轮压为 291kN，计算了与实测相对应的 6 种工况，表明当吊车运行至跨

中时为最不利工况。计算结果如表 4-3 所示。

由表 4-3 可知，有限元法计算结果与实测结果符合很好，说明计算模型是合理的。由图 4-7 可以看出，下弦节点板应力最高，是疲劳强度的薄弱环节，所以下弦节点板最易发生疲劳破坏，应是吊车桁架的疲劳控制部位之一，上弦节点板应力较低主要是由于其厚度较大，连接构造亦有所不同。

 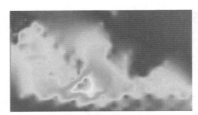

（a）支座节点板　　　　　　（b）下弦节点板

图 4-7　节点板沿端斜腹杆方向的应力分布

测点处最大正应力（MPa）　　　　　　　　　表 4-3

构件	端斜杆		下弦杆	支坐节点板		下弦节点板	
测点号	1	2	3	4	5	6	7
实测	39.9	39.9	35.8	23.5	34.6	56.1	48.2
计算值	52.2	45.7	38.0	23.0	36.8	60.1	46.9

3. 疲劳强度验算

由有限元计算可知，下弦节点板是疲劳的薄弱环节，应对下弦节点板进行疲劳强度验算，在验算疲劳强度时应按扣除铆钉的净截面计算应力，为此需要确定节点板的计算宽度。《钢结构设计规范》GB 50017—2003 对焊接连接的节点板规定按 30° 扩散角考虑计算宽度，如图 4-8 所示，但对铆钉连接的节点板没有规定。

如图 4-9 所示，此吊车桁架下弦节点板铆钉群长度为 670mm，铆钉群宽度为 200mm，铆钉孔直径为 26.5mm，节点板厚 14mm。建议节点板疲劳强度验算按式（4-12）进行计算。

$$\Delta \sigma = \frac{\Delta N}{bt} \leqslant [\Delta \sigma] \qquad (4-12)$$

式中：ΔN——腹杆的内力幅；

　　　 b ——节点板计算宽度，扩散角按 30° 进行计算，计算示意图如图 4-9 所示；

　　　 t ——节点板厚度。

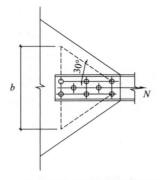

图4-8　节点板疲劳强度计算示意图

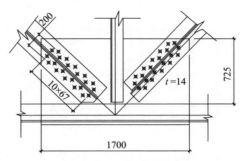

图4-9　吊车桁架下弦节点板

已知下弦节点板连接尺寸，由有限元法计算得到端斜拉杆最大轴力为848kN，按扩散角为30°计算得到计算宽度为974mm，由式（4-12）计算得到疲劳强度为$\Delta\sigma=62.2$MPa。而按有限元法计算得到下弦节点板处沿腹杆方向最大应力为124MPa，反算得到的计算宽度为488mm，扩散角为12.2°，偏于危险。由有限元方法计算可知，节点板铆钉群长度越长，其扩散角越小，节点板的应力越大，如果取扩散角30°进行计算，会有较大误差偏于危险。

扣除两个铆钉孔直径后，计算宽度为435mm，这样下弦节点板的疲劳验算的最大应力为139MPa，大于《钢结构设计规范》GB 50017—2003规定的铆钉连接处主体金属的疲劳强度118MPa，不满足疲劳强度要求。

4. 疲劳可靠度验算

根据在正常生产条件下24小时连续测试上弦节点板的应力－时间历程曲线，经过雨流法统计，得到应力谱如图4-10所示，结合以前的吊车荷载历史得到荷载参数如表4-4所示。

抗力S-N曲线选取《钢结构设计规范》GB 50017—2003中第5类曲线形式。将疲劳可靠性计算的随机变量有关参数统计如表4-4所示。

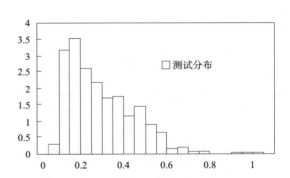

图4-10　应力循环次数统计分布直方图

疲劳可靠度计算有关参数的统计 表 4-4

变量	分布类型	均值	标准差
C	对数正态	1.47×10^{12}	5.68×10^{11}
m	常数	3.0	—
N_c	对数正态	2.9×10^5	1.45×10^4
N_e	对数正态	2.1×10^5	1.05×10^4
$\Delta \sigma_e$	常数	31.8	—
$\Delta \sigma'_e$	常数	27	—
D_c	对数正态	1	0.3

采用一次二阶矩几何验算点方法计算出该节点板在不同剩余使用期的疲劳可靠度指标，如图 4-11 所示。

利用公式（2-51）取附加安全系数为 3.0 后得到剩余使用寿命为 9 年，若可接受的可靠指标为 3.2，用可靠寿命评估方法计算得到继续使用的疲劳剩余寿命为 15 年。由此可见，对于本算例利用公式（2-51）取附加安全系数为 3.0 时计算结果是安全的但偏于保守，是一种安全寿命的评估模式。

根据不同的可靠度采取对应的维护措施，例如对于本算例，可靠指标大于 3.2 时，即在继续使用 15 年内可以采取常规性的检查措施；可靠指标为 2.7 时，即在 15 ~ 30 年内可以采取重点部位的检查与维修，当可靠指标小于 2.7 时，即在 30 年后应该考虑采取维修加固措施。

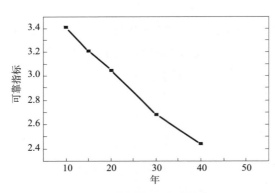

图4-11 不同使用寿命可靠度指标

4.3 钢结构疲劳可靠度校准

整个结构或结构的一部分超过某一特定状态不再能满足设计规定的某一功能要求时，这一特定状态称为功能的极限状态。结构的极限状态主要分为两种：承载能力极限状态与正常使用极限状态，疲劳极限状态属于承载能力极限状态中的一种。我国《建筑结构设计统一标准》GB 50068—2001 中给出以可靠性理论为基础的极限状态设计方法，而对疲劳极限状态的设计仍然采用容许应力法。因此，制定符合我国实际情况的疲劳荷载与构件抗力 S–N 曲线，确定结构在疲劳极限状态下的目标可靠指标和以可靠性理论为基础的疲劳设计表达式成为研究的主要内容。

假定荷载效应 S 与抗力 R 是随机变量，功能函数为 $Z=R$–S，其概率密度函数分别为 $f_s(S)$、$f_R(R)$，则结构的失效概率可用式（4-13）表示

$$P_f = \int_0^\infty f_s(S) \left\{ \int_0^S f_R(R) \mathrm{d}R \right\} \mathrm{d}S \qquad （4-13）$$

假定荷载效应 S 与抗力 R 服从正态分布，相应的可靠指标为

$$\beta = \frac{(\mu_R - \mu_S)}{\sqrt{\sigma_R^2 + \sigma_S^2}} \qquad （4-14）$$

式中：μ_R——抗力 R 的均值；

μ_S——荷载效应 S 的均值；

σ_R——抗力 R 的标准差；

σ_S——荷载效应 S 的标准差。

则 P_f 与 β 的关系可用式（4-15）表示，其部分对应关系如表 4-5 所示。

$$P_f = 1 - \Phi(\beta) \qquad （4-15）$$

式中：$\Phi(\beta)$——标准正态分布函数。

失效概率与可靠指标的关系 表 4-5

可靠指标 β	1.28	2.33	3.09	3.72	4.00	4.75	5.0
失效概率 P_f	0.1	0.01	0.001	1.0×10^{-4}	3.2×10^{-5}	1.0×10^{-6}	2.9×10^{-7}

如果荷载效应 S 与抗力 R 服从对数正态分布，则可靠指标可表达为

$$\beta = \frac{(\mu_R' - \mu_S')}{\sqrt{\sigma_R'^2 + \sigma_S'^2}} \qquad （4-16）$$

式中：μ_R'——抗力 $\lg R$ 的均值；

μ_S'——荷载效应 $\lg S$ 的均值；

σ_R'——抗力 $\lg R$ 的标准差；

σ_S'——荷载效应 $\lg S$ 的标准差。

在设计基准期内，疲劳失效的极限状态可表达为

$$\Delta\sigma_e - \Delta\sigma_R = 0 \qquad\qquad (4-17)$$

式中：$\Delta\sigma_e$——设计基准期内，疲劳荷载产生的等效应力幅；

$\quad\quad\ \Delta\sigma_R$——$2\times10^6$ 次的疲劳抗力。

一般认为，$\Delta\sigma_e$、$\Delta\sigma_R$ 服从对数正态分布，由概率统计可知，新的随机变量 $\lg\Delta\sigma_e$ 和 $\lg\Delta\sigma_R$ 服从正态分布，因此构造细节疲劳失效的极限状态方程可表达为

$$\lg\Delta\sigma_e - \lg\Delta\sigma_R = 0 \qquad\qquad (4-18)$$

由一次二阶矩法求得构造细节疲劳可靠指标为

$$\beta = \frac{\mu_{\lg\Delta\sigma_R} - \mu_{\lg\Delta\sigma_e}}{\sqrt{\sigma_{\lg\Delta\sigma_R}^2 + \sigma_{\lg\Delta\sigma_e}^2}} \qquad\qquad (4-19)$$

式中：$\mu_{\lg\Delta\sigma_R}$——构造疲劳抗力的对数均值（50% 保证概率）。如果抗力 $\lg\Delta\sigma_R$ 取有 97.7% 的保证概率时，$\mu_{\lg\Delta\sigma_R}=\lg\Delta\sigma_R+2\sigma_{\lg\Delta\sigma_R}+\alpha$，$\alpha=0.068$；

$\quad\quad\ \mu_{\lg\Delta\sigma_e}$——等效等幅应力对数均值；

$\quad\quad\ \sigma_{\lg\Delta\sigma_R}$——疲劳抗力对数标准差的估计值；

$\quad\quad\ \sigma_{\lg\Delta\sigma_e}$——等效等幅应力对数标准差的估计值。

由上式可以看出，求出某构造细节疲劳可靠指标的关键是合理确定不同构造连接细节的抗力和荷载效应的统计参数。对钢结构吊车梁实测资料与已有疲劳试验资料进行了统计分析，提出荷载与抗力的统计参数，对钢结构规范中 8 类连接构件形式的可靠度水平进行校准，计算结果见表 4-6、图 4-12。

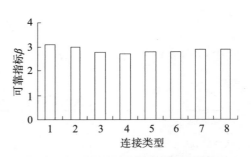

图4-12　连接类别对应可靠指标图

<table>
<tr><td colspan="6" align="center">荷载与抗力的统计参数　　　　　　　　　　　　表 4-6</td></tr>
<tr><th>构造和连接形式</th><th>$\mu_{\lg\Delta\sigma_R}$</th><th>$\sigma_{\lg\Delta\sigma_R}$</th><th>$\mu_{\lg\Delta\sigma_e}$</th><th>$\sigma_{\lg\Delta\sigma_e}$</th><th>可靠指标 β</th></tr>
<tr><td>1</td><td>2.34</td><td>0.045</td><td>2.246</td><td>0.024</td><td>3.09</td></tr>
<tr><td>2</td><td>2.26</td><td>0.051</td><td>2.158</td><td>0.024</td><td>3.01</td></tr>
<tr><td>3</td><td>2.21</td><td>0.07</td><td>2.072</td><td>0.024</td><td>2.81</td></tr>
<tr><td>4</td><td>2.17</td><td>0.0837</td><td>2.01</td><td>0.024</td><td>2.70</td></tr>
</table>

构造和连接形式	$\mu_{\lg\Delta\sigma_R}$	$\sigma_{\lg\Delta\sigma_R}$	$\mu_{\lg\Delta\sigma_e}$	$\sigma_{\lg\Delta\sigma_e}$	可靠指标β
5	2.10	0.0727	1.95	0.024	2.78
6	2.04	0.076	1.89	0.024	2.76
7	1.95	0.0597	1.84	0.024	2.91
8	1.89	0.0613	1.77	0.024	2.90

由计算结果可见按规范中8类连接形式计算的可靠指标为2.70～3.01,在《结构设计基础——既有结构的评定》ISO 13822 中建议的疲劳目标可靠指标的范围为 2.3～3.1，建议疲劳目标可靠指标不低于 3.2。

4.4 极限状态疲劳设计分项系数表达式

疲劳极限状态设计的建议分项系数表达式为

$$\gamma_s \Delta\sigma_d \leqslant \frac{\Delta\sigma_R}{\gamma_R} \qquad (4\text{-}20)$$

式中：$\Delta\sigma_d$——设计等效等幅应力幅；

γ_s——考虑荷载变化的分项系数；

γ_R——考虑抗力变化的分项系数。

则构造连接的目标可靠指标用分项系数表达公式为

$$\beta = \frac{2\sigma_{\lg\Delta\sigma_R} + \lg\gamma_s + \lg\gamma_R}{\sqrt{\sigma_{\lg\Delta\sigma_R}^2 + \sigma_{\lg\Delta\sigma_e}^2}} \qquad (4\text{-}21)$$

当给定一组分项系数（γ_R，γ_s）后采用最小二乘法能使下式最小的分项系数达到最优。

$$D = \sum_{k=1}^{8} [\beta_k(\gamma_R, \gamma_s) - \beta_m]^2 \qquad (4\text{-}22)$$

式中：β_m——β 的目标值；

β_k——对构件 k 的 β 采用（γ_R，γ_s）设计的结果。

当式（4-22）中 β、$\sigma_{\lg\Delta\sigma_R}$、$\gamma_R$ 确定后，就可得到 γ_s 与 $\sigma_{\lg\Delta\sigma}$ 的关系。

疲劳目标可靠指标为 2.7～3.1 的前提下，γ_R 为 1.1 时计算得到 8 种连接形式的 γ_s 如表 4-7 所示。

不同连接类别的分项系数取值   表 4-7

连接类别	γ_s	连接类别	γ_s
1	1.15	5	1.179
2	1.125	6	1.186
3	1.17	7	1.144
4	1.206	8	1.15

采用上述分项系数表达式设计的疲劳可靠指标最低可达到 2.7 ~ 3.1，若取 $\gamma_s=1.2$，$\gamma_R=1.1$，可靠指标最低可达 3.2。

第三篇
"治"——钢吊车梁系统
疲劳加固

第5章 碳纤维复材（CFRP）加固钢结构疲劳研究

碳纤维复材（简称 CFRP）是由碳纤维与聚合物树脂类基体通过复合工艺制成的纤维增强复合材料。CFRP 加固钢结构技术是通过在钢结构构件表面涂覆特制的胶粘剂粘贴 CFRP，使钢结构和 CFRP 粘结成整体共同工作，将钢结构一部分应力通过胶层传递到 CFRP 上，降低钢结构构件的应力水平，并使裂纹扩展速率降低或制止裂纹的扩展，从而改善其疲劳性能的一种加固方法。与传统的钢结构加固技术相比，CFRP 粘结加固钢结构疲劳技术具有材料自重轻、施工便捷、无明火、抗疲劳性能好、对母材损伤小、耐腐蚀性好及可实现自监测等优势。目前 CFRP 加固混凝土结构与砌体结构已较为成熟，但 CFRP 加固钢结构，尤其是疲劳加固方面的研究与应用较少，本章将详细介绍 CFRP 加固钢结构疲劳试验和理论分析的创新性研究成果。

5.1 CFRP 加固含裂纹钢板试件疲劳试验研究

为了比较在相同疲劳损伤下，CFRP 加固前后钢板试件的疲劳裂纹扩展和疲劳性能的变化，对 6 个含疲劳损伤裂纹钢板试件进行疲劳试验，在正式疲劳试验前，均通过循环拉－拉荷载作用，预制出 10mm 长的真实疲劳裂纹。

5.1.1 试验设计

试验采用的钢材为 Q345B，钢板试件尺寸为：长度 700mm、宽度 100mm、厚度 10mm。在钢板中心钻取直径为 2mm 的圆孔，并用线切割机床向两边各切割出 2mm 的切口，从而形成 6mm 长的初始预制切口。

CFRP 采用两种材料，分别为高弹模的 CFRP 板和中弹模的 CFRP 板，两种板材的宽度均为 50mm。CFRP 与钢结构之间的胶粘剂性能直接影响到加固效果，粘结性能好，则 CFRP 的发挥效率高，加固效果就好。

钢板、CFRP 板和胶粘剂的材料性能如表 5-1 所示。

试验共设计了6根试件，其中未加固的对比试件2根，单面加固试件1根，双面加固试件3根。试件设计详见表5-2，试件编号中的"P"表示钢板，"C"表示为未加固的对比件，"S"表示单面加固，"D"表示双面加固，后面的数字表示应力幅，"a"

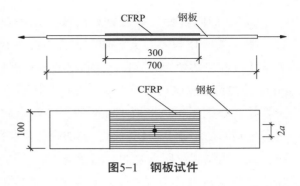

图5-1 钢板试件

表示采用中弹模的CFRP板，数字后面如果没有字母a表示采用高弹模的CFRP板。试件的形状和尺寸如图5-1所示，CFRP板的粘贴长度为300mm，宽度与钢板的宽度相同。试验中的应力幅均为钢板的名义应力幅，即假定钢板疲劳裂纹和CFRP加固板不存在时钢板的应力幅。

试验材料性质 表5-1

材料性质	钢板	CFRP板		胶粘剂
		高弹模	中弹模	
抗拉强度（MPa）	620	1580	2910	—
屈服强度（MPa）	435	—	—	—
弹性模量（GPa）	206	320	165	0.9
剪切模量（GPa）	—	—	—	0.9
厚度（mm）	10	1.4	1.0	≈0.3

试件设计参数 表5-2

试件编号	应力幅（MPa）	N_{max}/N_{min}（kN）	加固方式	CFRP弹模	刚度比S
PC120	120	200/80	对比件	—	0
PC90	90	150/60	对比件	—	0
PS120	120	200/80	单面	高	0.2
PD120	120	200/80	双面	高	0.4
PD90*	90 120	150/60 200/80	双面	高	0.4
PD120a	120	200/80	双面	中等	0.16

注：1. PD90*原设计应力幅为90MPa，试验过程中当荷载循环次数达到3×10⁶次时，因为试验时间过长，将应力幅改成120MPa；

2. 刚度比定义为$S = \dfrac{\sum E_{CFRP} t_{CFRP}}{E_{steel} t_{steel}}$（$E_{CFRP}$、$E_{steel}$分别为CFRP、钢材的弹性模量，$t_{CFRP}$、$t_{steel}$分别为CFRP、钢板的厚度）。

CFRP 加固含疲劳裂纹钢板的疲劳试验在 UHS-1000 交变疲劳试验机上进行（图 5-2）。以拉 - 拉方式加载，应力比为 0.4，试验频率为 500 次 / 分钟。疲劳试验过程包括疲劳裂纹预制阶段和正式疲劳试验阶段。疲劳裂纹预制阶段是在 6mm 长的初始预制切口基础上，在疲劳试验机上向两边各预制长 2mm 的真实疲劳裂纹，在钢板中央形成 10mm 的真实初始疲劳裂纹（图 5-3），使所有试件均具有相同的初始疲劳损伤状态。施加疲劳荷载预制裂纹时，荷载越小，裂纹尖端越尖锐，预制裂纹所需要的时间就越长。预制疲劳裂纹时，先采用 200MPa 的较高应力幅向两边各预制 1.5mm 的裂纹，然后将应力幅降低到实际疲劳试验时采用的应力幅完成裂纹预制，尽可能减少高载迟滞效应的影响。在疲劳裂纹预制阶段试验完成后，对 PS120、PD120、PD90、PD120a 四根试件粘贴 CFRP 板进行加固。

正式疲劳试验过程中，定期对疲劳裂纹的扩展情况进行观测。

图5-2 疲劳试验中的钢板

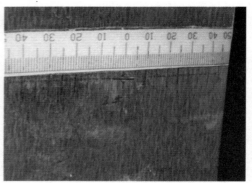

图5-3 预制完裂纹的钢板

5.1.2 试验结果及分析

1. 试验现象

疲劳试验过程中，所有试件的裂纹扩展过程表现为：开始裂纹扩展速率比较慢，但随着裂纹长度增加，裂纹扩展速率越来越快。当裂纹扩展到一定长度后便开始呈现急剧扩展趋势，随即发生疲劳断裂。试件破坏后的断口可以明显的区分出光滑的疲劳区和粗糙的断裂区（图 5-4）。发生疲劳断

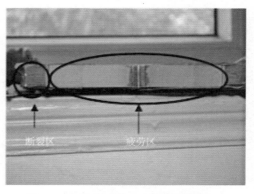

图5-4 光滑的疲劳区和粗糙的断裂区

裂时，除试件 PD120a 的胶层基本完好、CFRP 板出现层间剪切破坏外，其他加固试件均是 CFRP 板基本完好，胶层发生破坏。从破坏后的试件可以明显看出裂纹长度范围内存在椭圆形的脱胶区域（图 5-5）。

未加固和双面加固试件，钢板中央面的裂纹扩展速率略高于表面，裂纹线均呈对称弧形。对于单面加固试件，由于不对称，试验过程中可以观察到明显的弯曲效应，试件向未加固一面弯曲。在疲劳拉伸过程中，没有加固的一面，裂纹率先扩展，并且其裂纹长度明显大于加固面的裂纹长度，裂纹线呈斜弧形。

试件 PD120 当荷载循环次数达到 7.2×10^5 次时，中央裂纹长度 $2a$ 达到 24mm，这时 CFRP 板与钢板之间从一端开始发生比较严重的脱胶现象（图 5-6），这可能是由于 CFRP 板与钢板之间存在的初始缺陷引起的，表明粘贴 CFRP 过程中质量控制非常重要。

图5-5　椭圆形的局部脱胶范围

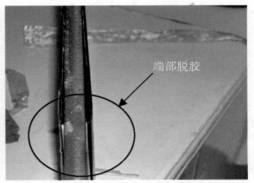

图5-6　PD120端部CFRP与钢板脱胶

试件 PD90 当循环荷载次数达到 3×10^6 次的时候，中央裂纹长度 $2a$ 只有 40mm，考虑到实际工程中疲劳寿命达到 2×10^6 次即可满足要求，为缩短试验时间，将应力幅调整到 120MPa，继续进行疲劳试验直至破坏。

试件 PD120a 使用的 CFRP 弹性模量和厚度都小于其他试件，加固量相对较少，加固效果不如 PD120 和 PD90。PD120a 发生疲劳破坏时，胶层仍然保持完好，CFRP 板出现层间剪切破坏现象。

2. 试验结果分析

将试件从初始疲劳裂纹长度扩展到疲劳破坏所经历的荷载循环次数定义为剩余疲劳寿命，表 5-3 给出了试件疲劳裂纹扩展寿命的试验结果。从表中可以看出，采用 CFRP 板进行加固后，钢板的剩余疲劳寿命是未加固前的 2.6 ~ 6.8 倍，加固方式（单面加固还是双面加固）和加固量（刚度比 S）的不同，加固效果也相应地不同。双面加固比单面加固的效果好，CFRP 板与钢板的刚度比 S 越大加固效果越好。因此要取得比较好的加固效果，应尽量选择双面粘贴加固方式和刚度比大的 CFRP 材料。需要特别指出的是，试件 PD120 在试验过程中 CFRP 板与钢板之间端部发生脱胶现象，影响了加固效果；试件 PD90 当裂纹长度 $2a$ 为 40mm 的时候，将应力幅增加到 120MPa，如果一直保持 90MPa 的应力幅，PD90 的实际疲劳寿命会更长。

疲劳裂纹扩展寿命试验结果   表 5-3

应力幅（MPa）	试件编号	加固方式	刚度比 S	疲劳裂纹扩展寿命（$\times 10^4$ 次）	加固试件与未加固试件疲劳寿命比值
120	PC120	未加固	0	18.2	对比件
	PS120	单面	0.2	46.4	2.6
	PD120	双面	0.4	100.0	5.5
	PD120a	双面	0.16	65.0	3.6
90	PC90	未加固	0	48.4	对比件
	PD90*	双面	0.4	331.2	6.8

图 5-7 给出了所有试件疲劳裂纹长度随荷载循环次数增加的扩展过程，各种影响因素对疲劳裂纹扩展的影响比较结果如下：

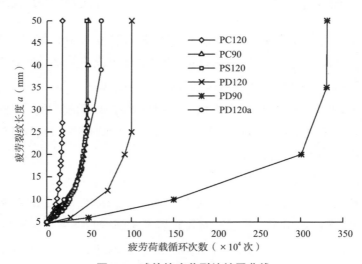

图5-7　试件的疲劳裂纹扩展曲线

（1）对比在 120MPa 应力幅水平下，未加固试件 PC120、单面加固试件 PS120 和双面加固试件 PD120a 的疲劳裂纹扩展曲线，可发现加固后的试件疲劳裂纹扩展速度比未加固试件降低很多，其中单面加固试件 PS120 的剩余疲劳寿命是未加固试件 PC120 的 2.6 倍，双面加固试件 PD120a 的剩余疲劳寿命是未加固试件 PC120 的 3.6 倍。虽然双面加固试件 PD120a 的加固量（刚度比 S）比单面加固试件 PS120 小，但剩余疲劳寿命却更长，说明双面加固方式优于单面加固方式。

（2）对比在 90MPa 应力幅水平下，未加固试件 PC90、双面加固试件 PD90 的疲劳裂纹扩展曲线，可知双面加固试件 PD90 的剩余疲劳寿命达到 3.312×10^6 次，而未加固试件 PC90 的剩余疲劳寿命仅为 4.84×10^5 次，双面加固试件 PD90 的剩余疲劳寿命达到未加固试件 PC90 的 6.8 倍。考虑到试件 PD90 在应力循环次数为 3×10^6 次的时候，将应力幅水平提高到 120MPa，试件 PD90 的实际剩余疲劳寿命应远大于 3.31×10^6 次。实际工程中当中央疲劳裂纹达到 10mm 的时候，一般都会把存在疲劳损伤的试件废弃不用，但采用高弹模的 CFRP 板双面粘贴加固后，试件的剩余疲劳寿命达到 3×10^6 次以上，远远超过实际工程对试件 2×10^6 次疲劳寿命的要求。

（3）试件 PD120 采用的是厚度为 1.4mm 的高弹模 CFRP 板（E=320GPa），而试件 PD120a 采用的是厚度为 1.0mm 的中弹模 CFRP 板（E=165GPa）。加固量采用 CFRP 板和钢板之间的刚度比 S 来衡量，试件 PD120 的刚度比 S 为 0.4，试件 PD120a 的刚度比 S 为 0.16。由于试件 PD120 的加固量大，其剩余疲劳寿命是未加固试件 PC120 的 5.5 倍，试件 PD120a 的剩余疲劳寿命是未加固试件 PC120 的 3.6 倍，试件 PD120 的剩余疲劳寿命是试件 PD120a 的 1.5 倍。考虑到试件 PD120 粘贴工艺质量问题，脱胶对剩余疲劳影响的因素，试件 PD120 的剩余疲劳寿命应该更长，表明加固量大小是影响剩余疲劳寿命长短非常重要的因素。

5.2 CFRP 加固钢结构应力强度因子数值模拟分析

5.2.1 "三维实体－弹簧－板壳"模型

根据断裂力学理论，裂纹扩展速率与裂纹尖端的应力强度因子直接相关，因此裂纹尖端应力强度因子的评定方法十分重要。

"三维实体－弹簧－板壳"模型如图 5-8 所示，由于钢板相对于 CFRP 板较厚，采用三维实体单元，可充分考虑钢板厚度的影响，得到裂纹前缘应力和位移场沿厚度方向的分布，从而分析沿厚度方向各点的应力强度因子。

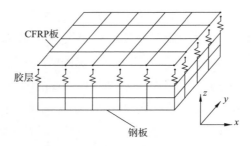

图5-8 "三维实体-弹簧-板壳"模型

CFRP 板采用 Mindlin 板单元，Mindlin 板理论假定沿板厚各点位移场是呈线性变化的，因此 CFRP 板内各点的位移场满足下式：

$$\begin{cases} u_{Px} = u_{Px}^0 + z\psi_{Px} \\ u_{Py} = u_{Py}^0 + z\psi_{Py} \\ u_{Pz} = u_{Pz}^0 \end{cases} \quad (5-1)$$

式中：u_{Px}、u_{Py}、u_{Pz}——CFRP 板中各点沿 x、y、z 方向的位移；

u_{Px}^0、u_{Py}^0、u_{Pz}^0——CFRP 板中面各点沿 x、y、z 方向的位移；

z——CFRP 板中面作为 轴的零点坐标；

ψ_{Px}、ψ_{Py}——CFRP 板各点的角位移。

胶层的模拟是 CFRP 加固钢结构有限元计算分析的关键问题。由于胶层厚度一般都比较小，约 0.2～0.5mm，如果采用实体单元，则可能由于单元长宽比太大造成单元畸变，所以选用线性弹簧单元来模拟 CFRP 板与钢结构之间的胶层，在 CFRP 板—胶层和钢板—胶层的两个界面上相应一对节点之间设置三个线性弹簧单元，其中两个为剪切弹簧单元，用来模拟胶层 x-z 平面和 y-z 平面的横向剪切应力，还有一个轴向弹簧单元模拟胶层 z 方向轴向正应力。横向剪切弹簧单元的剪切刚度 K_i（$i=x$，y）可以由式（5-2）和式（5-3）推导得到：

$$\tau_{iz} = \frac{|F_i|}{A_i} = \frac{G_a|u_{ai} - u'_{ai}|}{t_a} \quad (5-2)$$

$$K_i = \frac{|F_i|}{|u_{ai} - u'_{ai}|} = \frac{G_a A_i}{t_a} \quad (5-3)$$

式中：τ_{iz}（$i=x$，y）——x-z 和 y-z 平面的剪切应力；

F_i——x 和 y 方向的弹簧力；

A_i——弹簧单元所代表的胶层面积；

u_{ai}、u'_{ai}——弹簧上下节点沿 x（或 y）方向的位移；

　G_a、t_a——胶层的剪切模量和厚度。

z 方向弹簧的轴向刚度 K_z 可以根据 z 方向应力关系式推导得到：

$$\sigma_{zz} = \frac{|F_z|}{A_i} = \frac{2(1-v_a)G_a\left|u_{ai}-u'_{ai}\right|}{(1-2v_a)t_a} \qquad (5-4)$$

$$K_z = \frac{|F_z|}{\left|u_{ai}-u'_{ai}\right|} = \frac{2(1-v_a)G_aA_i}{(1-2v_a)t_a} \qquad (5-5)$$

式中：F_z——z 方向的弹簧力；

　　　v_a——胶层的泊松比。

5.2.2　CFRP 板加固含裂纹受拉钢板试件数值模拟分析

1. 应力强度因子

对 CFRP 板加固受拉钢板按照"三维实体－弹簧－板壳"有限元分析方法计算应力强度因子 K_I，其中试验试件的几何尺寸和材料性质见图 5-1 和表 5-1。

图 5-9 为试件 PC120、PD120、PD120a 和 PS120 在远端均匀张拉应力 σ_{max}=200MPa 的作用下，当裂纹长度为 20mm 时，裂纹前缘应力强度因子 K_I 沿钢板厚度方向分布变化情况。由图可见，对于未加固钢板 PC120、双面加固钢板 PD120 和 PD120a，K_I 沿板厚方向差别不大，

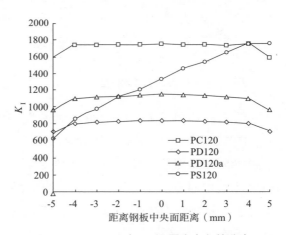

图5-9　a=20mm时，K_I沿厚度方向的分布

但钢板表面的裂纹前缘应力强度因子 K_I 比钢板内部的要小，且沿钢板中央面对称分布；而对于单面加固钢板，K_I 沿板厚方向有很大差别，加固粘贴面 K_I 最小，未加固面 K_I 最大，应力强度因子 K_I 采用裂纹前缘沿厚度方向所有应力强度因子的均方根值比较符合试验结果。因此在后面分析中，未加固和双面粘贴加固的应力强度因子取值采用平均值；单面粘贴加固应力强度因子取值采用均方根值。

图 5-10 为在远端均匀张拉应力 σ_{max}=200MPa 的作用下，裂纹前缘应力强度因子 K_I 随裂纹长度 a 变化的情况。由该图可知，未加固钢板 PC120 的 K_I 随着裂纹长度 a 的发展而不断增加，且 K_I-a 关系曲线的斜率不断增加，表明随着疲劳

裂纹长度 a 增加，K_I 增加的速度越来越快；与未加固钢板 PC120 相比，CFRP 加固钢板的 K_I 较小，这主要是因为粘贴 CFRP 板加固后，部分荷载通过胶层转移到 CFRP 板上，裂纹尖端的应力状态发生变化，从而减小了裂纹尖端的应力强度因子 K_I。疲劳裂纹长度 a 越大，加固钢板与未加固钢板的 K_I 之间的差别越大，表明加固效果越明显，这是因为疲劳裂纹越长，更多的荷载通过胶层转移到由 CFRP 板承担，使 CFRP 板更充分地发挥作用。双面加固试件 PD120 与单面加固试件 PS120 相比，PD120 的加固效果更明显。PD120 与 PD120a 相比，PD120 所采用的 CFRP 板弹性模量和厚度比 PD120a 大，故加固效果更好。

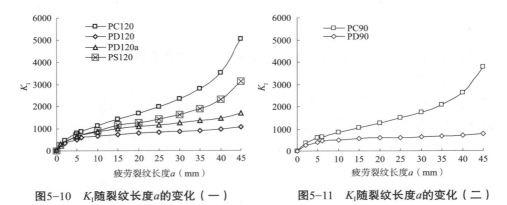

图5-10　K_I随裂纹长度a的变化（一）　　　　图5-11　K_I随裂纹长度a的变化（二）

图 5-11 给出了未加固试件 PC90 和双面加固试件 PD90 在远端均匀张拉应力 $\sigma_{max}=150\text{MPa}$ 作用下，裂纹前端应力强度因子 K_I 随疲劳裂纹长度 a 变化的比较。未加固试件 PC90 随疲劳裂纹长度 a 增加，裂纹前缘应力强度因子 K_I 急剧增加，而双面加固试件 PD90 的应力强度因子 K_I 则比较平缓地增加。图 5-12 比较了应力 σ_{max} 大小对于应力强度因子 K_I 的影响，可以看出应力 σ_{max} 大小是影响应力强度因子 K_I 的重要因素。

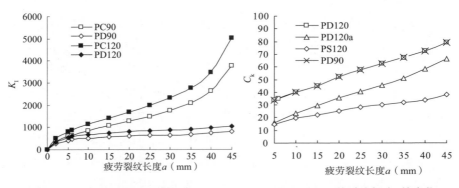

图5-12　应力大小对K_I的影响　　　　图5-13　C_k随裂纹长度a的变化

2. 加固效果系数

为便于比较，采用无量纲的加固效果系数 C_k 表示 CFRP 加固效果，即

$$C_k = \frac{K_{I,U} - K_{I,P}}{K_{I,U}} \times 100\% \qquad (5-6)$$

式中：$K_{I,U}$ 和 $K_{I,P}$——结构加固前后裂纹前缘的应力强度因子。

图 5-13 给出了各加固试件的加固效果系数 C_k 随裂纹长度 a 变化的情况，可见裂纹长度 a 越大，加固效果越好。试件 PD120 和 PD90 只有远端均匀张拉应力幅不同，其他情况都一样，两者的加固效果系数 C_k 完全重合，表明加固效果系数 C_k 与应力幅无关，只与结构本身和加固情况有关。且采用双面加固的效果优于单面加固，加固量（刚度比 S）越大，加固效果越好。

5.2.3　加固效果影响因素分析

影响 CFRP 加固钢板的加固效果因素很多，以含中央裂纹钢板采用 CFRP 板双面加固为例，对加固效果的影响因素进行分析，如果没有特别说明，CFRP 板加固钢板的条件与双面加固试件 PD120 一样，在远端均匀张拉应力 $\sigma_{max}=200\text{MPa}$ 的作用下计算裂纹前缘应力强度因子 K_I。

1. CFRP 板长度

图 5-14 给出了 CFRP 板长度 $2H_p$（垂直于裂纹方向的 CFRP 板尺寸）对应力强度因子的影响。计算结果表明：当裂纹长度保持定值时，CFRP 板长度对于裂纹前端的应力强度因子 K_I 基本没有影响，这可以用接头的胶结理论来解释。该理论认为只有在接头端头的很小一部分胶层内发生剪切变形并传递剪切荷载，并且很快以幂指数衰减到零，而在胶结接头的大部分区域内，胶层并不传递荷

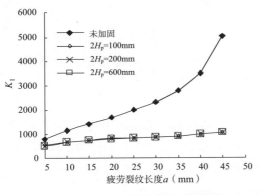

图5-14　CFRP板长度对K_I的影响

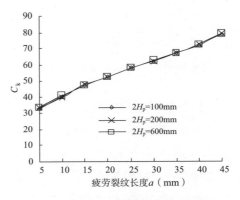

图5-15　CFRP板长度对C_k的影响

载。Ratwani 还发现，胶结修补结构中胶层传递荷载的长度很有限，大约为裂纹长度的一半。超过此值后，加固板长度的进一步增加，并不会在裂纹板和加固板之间传递更多的荷载。但在实际加固工程中，考虑到可能会出现局部脱胶现象，CFRP 板应该保持足够长度。图 5-15 也表明 CFRP 板长度对加固效果系数 C_k 影响不大。

2. CFRP 板宽度

图 5-16 给出了当疲劳裂纹长度 a=15mm 时，CFRP 板宽度（平行于裂纹方向的 CFRP 板尺寸）对应力强度因子 K_I 的影响。计算结果表明：当疲劳裂纹长度保持定值时，随着 CFRP 板宽度的增加，裂纹前缘的应力强度因子 K_I 逐渐减小，但 CFRP 板宽度增加到一定程度后，应力强度因子 K_I 减小趋于缓慢。因此，只要 CFRP 板宽度大于裂纹宽度 2 倍以上，CFRP 板宽度对裂纹前缘的应力强度因子 K_I 的影响比较小。在实际加固工程中，如果有条件，应该尽可能使 CFRP 板宽度与钢板宽度一样。图 5-17 给出了 CFRP 板宽度对加固效果系数 C_k 的影响，当 CFRP 板宽度大于裂纹宽度 2 倍以上，CFRP 板宽度对加固效果系数 C_k 的影响较小。

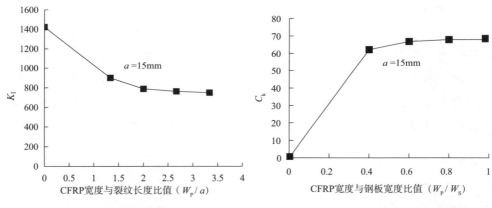

图5-16　CFRP板宽度对K_I的影响　　　　图5-17　CFRP板宽度对C_k的影响

3. CFRP 板弹性模量

图 5-18 给出了 CFRP 板弹性模量对应力强度因子 K_I 的影响。从图中可见，CFRP 板的弹性模量增大，裂纹前端的应力强度因子 K_I 相应减小。图 5-19 给出了 CFRP 板弹性模量对加固影响系数 C_k 的影响，从图中可见，CFRP 板的弹性模量越大，其加固影响系数 C_k 越大，加固效果越好。

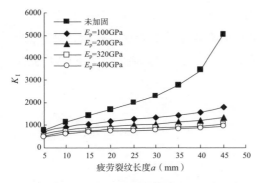

图5-18 CFRP板弹性模量对K_I的影响　　图5-19 CFRP板弹性模量对C_k的影响

4. CFRP 板厚度

图 5-20 给出了 CFRP 板厚度对应力强度因子 K_I 的影响。由图可见，CFRP 板的厚度增大，裂纹前端的应力强度因子 K_I 相应减小。图 5-21 给出了 CFRP 板厚度对加固影响系数 C_k 的影响，从图可见，CFRP 板的厚度越大，其加固影响系数 C_k 越大，加固效果越好。但考虑到实际受力是通过胶层传递，所以当 CFRP 厚度达到一个界限值时，其厚度的增加并不会显著增加其加固效果。

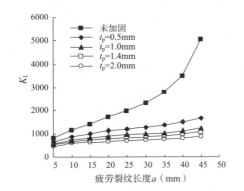

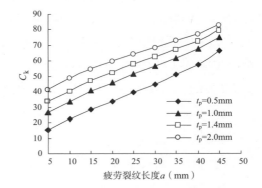

图5-20 CFRP板厚度对K_I的影响　　图5-21 CFRP板厚度对C_k的影响

5. 胶层剪切模量

图 5-22 给出了胶层剪切模量 G_a 大小对应力强度因子 K_I 的影响。对于含疲劳裂纹钢板，粘贴 CFRP 板加固的目的是使尽可能多的应力通过胶层传给 CFRP 板，从而减小钢板裂纹尖端的应力。图 5-22 表明，胶层剪切模量越大，应力强度因子幅值 K_I 越小，加固效果越好。因此，理论上胶层剪切模量越大，加固效果越好。但剪切模量也不能无限制的增大，否则胶层受力太大，会过早导致胶层界面破坏。所以应该选择剪切模量大小适合的胶粘剂，既可以将力有效地传给

CFRP 板，又不会因为胶层受力太大而发生破坏。

图 5-23 给出了胶层剪切模量对 CFRP 板加固效果系数大小的影响，从图可见，胶层剪切模量越大，CFRP 板的加固效果系数越大，加固效果越好，但影响不显著。

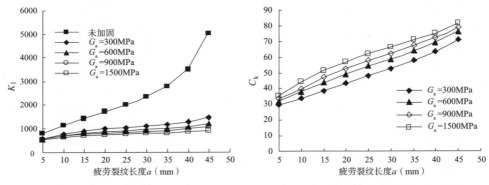

图5-22　胶层剪切模量对K_1的影响　　　　图5-23　胶层剪切模量对C_k的影响

6. 胶层厚度

图 5-24 给出了胶层厚度对应力强度因子 K_1 的影响。从图可见，胶层厚度越小，应力强度因子越小，加固效果越好。但与胶层剪切模量类似，胶层厚度也不能太小，否则胶层受力太大，容易导致破坏。所以应该对胶层厚度进行优化选择，既可以将力有效地传给 CFRP 板，又不会因为胶层受力太大而发生破坏。图 5-25 给出胶层厚度对 CFRP 板加固效果系数大小的影响，从图可见，胶层厚度越小，CFRP 板的加固效果系数 C_k 越大，加固效果越好，但影响不显著。

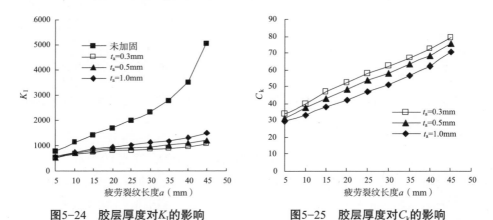

图5-24　胶层厚度对K_1的影响　　　　图5-25　胶层厚度对C_k的影响

7. 局部脱胶

试验过程中，随着裂纹发展会出现椭圆形的脱胶剥离现象。对于图 5-26 所示的不同脱胶剥离尺寸 c/a，图 5-27 给出了脱胶剥离范围 c/a 大小对于裂纹尖端应力强度因子 K_I 的影响。从图 5-27 可以看出，脱胶剥离范围 $c/a<1/5$ 的时候，脱胶对裂纹尖端应力强度因子 K_I 的影响已很小。当裂纹长度比较短的时候，脱胶剥离范围 c/a 大小对于裂纹尖端应力强度因子 K_I 影响比较小；当裂纹长度增大，

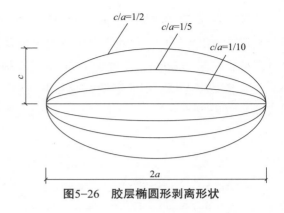

图5-26　胶层椭圆形剥离形状

脱胶剥离范围 c/a 大小对于裂纹尖端应力强度因子 K_I 影响增大。图 5-28 可以清楚地看出脱胶范围 c/a 大小对于 CFRP 板加固效果系数 C_k 的影响，可以看出当裂纹长度 $a>20$mm 的时候，对加固效果有比较大的影响。

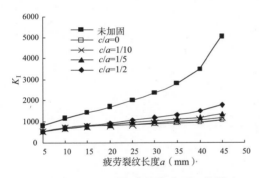

图5-27　剥离范围大小对K_I的影响

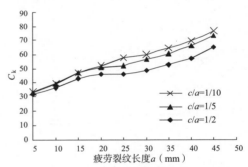

图5-28　剥离范围大小对C_k的影响

5.3　CFRP 板加固钢梁疲劳试验研究

5.3.1　试验设计

试验采用型号规格为 194×150×6×9 的 H 型热轧钢梁，钢材为 Q345B，采用高弹模的 CFRP 板进行双面加固，材料性质见表 5-1。

设计了 9 根 H 型钢梁试件，其中有 3 根为未加固试件，7 根为加固试件（其中一根为疲劳损伤后再次加固)，详见表 5-4。表中试件编号中的"B"表示钢梁，"C"表示未加固的对比件，"D"表示双面粘贴加固试件，"d"表示钢梁试件疲劳损伤后再进行加固，后面的数字表示名义应力幅水平。钢梁跨度为 1400mm，采用如图 5-29 的四点弯曲加载方式，其中纯弯段长度 600mm。加载频率为 250 次/

分钟。名义应力幅大小分别为 85MPa、99MPa、113MPa、142MPa、156MPa,应力比为 0.2。为了引发疲劳裂纹在预定位置出现,在钢梁跨中位置的下翼缘一侧焊接长度为 200mm,宽度为 100mm 的钢板。试验中的应力幅均为钢梁下翼缘底面的名义应力幅,即假定钢梁疲劳裂纹和 CFRP 加固板不存在时,钢梁下翼缘底面的应力幅大小。

试件设计 表 5-4

试件编号	名义应力幅（MPa）	加固方式	CFRP板长度（mm）	荷载	
				$2P_{max}$（kN）	$2P_{min}$（kN）
BC156	156	未加固	—	275	55
BC113	113	未加固	—	200	40
BC85	85	未加固	—	150	30
BD156	156	双面加固	400	275	55
BD113	113	双面加固	1000	200	40
BD85	85	双面加固	1000	150	30
BD142	142	双面加固	1000	250	50
BD85d	85	疲劳损伤后再双面加固	1000	150	30
BD99	99	双面加固	400	175	35

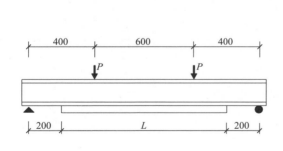
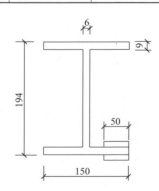

图5-29 钢梁试件几何尺寸

5.3.2 试验结果及分析

1. 未加固钢梁疲劳试验

表 5-5 给出了未加固钢梁 BC156、BC113、BC85 的疲劳试验结果,当名义应力幅分别为 156MPa、113MPa、85MPa 时,疲劳寿命分别为 2.57×10^5、5.66×10^5 和 1.556×10^6 次。

未加固试件的疲劳试验结果　　　　　　　　　　　　表 5-5

试件编号	名义应力幅（MPa）	疲劳寿命（×10⁴ 次）
BC156	156	25.7
BC113	113	56.6
BC85	85	155.6

未加固钢梁 BC156、BC113、BC85 在疲劳试验过程中试验现象基本相同，都是随着疲劳荷载次数的增加，疲劳裂纹开始出现在钢梁下翼缘与矩形对接钢板的焊缝连接端部（如图 5-30 所示），这主要是由于该处存在很大的应力集中，疲劳裂纹首先在该处萌生。随着疲劳次数的增加，疲劳裂纹沿垂直于弯曲拉应力的方向不断扩展。观察疲劳试验全过程，可以发现开始裂纹扩展速率比较慢，但随着裂纹长度增加，裂纹扩展速率越来越快。一旦疲劳裂纹将下翼缘的一侧穿透，裂纹就会向腹板和下翼缘的另外一侧急剧扩展。当疲劳裂纹扩展至下翼缘完全断裂时，钢梁的变形过大，此时钢梁已经发生疲劳破坏，疲劳试验停止。

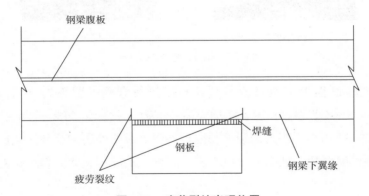

图5-30　疲劳裂纹出现位置

以未加固钢梁 BC113 为例，疲劳试验过程中疲劳裂纹扩展情况的照片见图 5-31。由图可见，刚开始的时候，疲劳裂纹萌生及扩展的速度比较缓慢，但随着疲劳裂纹长度增加，裂纹扩展速率越来越快。当疲劳次数达到 5.5×10^5 次的时候，疲劳裂纹几乎将下翼缘的一侧穿透，并且继续向腹板和下翼缘的另外一侧快速延伸。当疲劳荷载次数为 5.658×10^5 次时，试件 BC113 的下翼缘完全断裂，此时钢梁的变形过大，疲劳试验停止。BC156 和 BC85 的试验情况与BC113 相似。

（a）$N=2.55×10^5$次，a=3mm　　　　　（b）$N=4.5×10^5$次，a=7mm

（c）$N=5×10^5$次，a=20mm　　　　　（d）$N=5.5×10^5$次，a=63mm

（e）$N=5.64×10^5$次，a=90mm　　　　（f）$N=5.658×10^5$次，钢梁疲劳断裂

图5-31　BC113疲劳试验照片

　　疲劳试验过程中定期对疲劳裂纹长度进行观测，图 5-32 给出了 BC156、BC113 和 BC85 疲劳裂纹长度 a 随循环荷载次数 N 的变化曲线（即疲劳裂纹扩展曲线）。图 5-33 给出了当疲劳裂纹长度扩展到 a 时所经历的荷载循环次数占总荷载循环次数的百分比。从图中可以看出，三根未加固钢梁疲劳裂纹扩展的趋势基

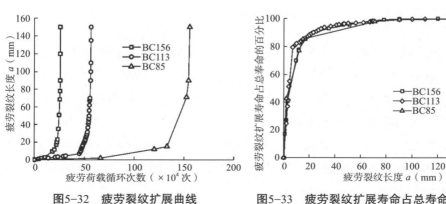

图5-32　疲劳裂纹扩展曲线　　　　图5-33　疲劳裂纹扩展寿命占总寿命百分比

本相同，即疲劳裂纹扩展从萌生到肉眼比较容易识别出来的长度（10mm）所经历的荷载次数占总荷载次数的 80% 左右，而疲劳裂纹从 10mm 扩展到最终疲劳断裂破坏，仅占总疲劳次数 20% 左右。因此实际工程中受拉区一旦发现肉眼可以识别的疲劳裂纹，基本上就认为已经不能再使用，需要重新更换新的试件。

2. CFRP 板加固钢梁疲劳试验

CFRP 板加固钢梁在下翼缘的上、下表面粘贴宽度为 50mm 的 CFRP 板，疲劳试验结果见表 5-6。

<table>
<tr><td colspan="2">加固试件的疲劳试验结果</td><td>表 5-6</td></tr>
<tr><td>试件编号</td><td>名义应力幅（MPa）</td><td>疲劳寿命（×10⁴次）</td></tr>
</table>

试件编号	名义应力幅（MPa）	疲劳寿命（$\times 10^4$ 次）
BD156	156	76.6
BD142	142	100.1
BD113	113	238.5
BD99	99	520.0
BD85	85	1050
BD85d	85	168.0

CFRP 板加固钢梁与未加固钢梁的疲劳试验过程相似，随着疲劳荷载次数的增加，疲劳裂纹萌生在钢梁下翼缘与矩形对接板的焊缝连接两端。与未加固钢梁相比，加固后钢梁疲劳裂纹萌生和扩展速度更慢，但随着裂纹长度增加，裂纹扩展速率越来越快。当疲劳裂纹穿透腹板，进入到下翼缘的另外一面后，裂纹急剧扩展，钢梁的下翼缘很快就完全断裂，钢梁的变形过大，此时钢梁已经发生疲劳断裂破坏，疲劳试验停止。此时 CFRP 板基本完好，钢梁下翼缘已经完全断裂，疲劳裂纹附近的胶层界面已经发生破坏。试件 BD85d 与其他试件不同，是先在循环荷载作用下形成 15mm 的疲劳裂纹，然后粘贴 CFRP 板后进行疲劳试验，疲劳试验过程中的照片见图 5-34。

（a）$N=5\times10^5$ 次　　　　（b）$N=1\times10^6$ 次

（c）$N=1.68\times10^6$ 次，发生疲劳破坏　　　（d）破坏后断口

图5-34　BD85d疲劳试验照片

加固钢梁的疲劳裂纹扩展曲线如图 5-35 所示。

图 5-35 给出了应力幅为 156MPa、113MPa 和 85MPa 时加固钢梁和未加固钢梁疲劳裂纹扩展曲线的比较。可以看出,采用 CFRP 板加固的钢梁疲劳裂纹扩展速率显著低于未加固钢梁。

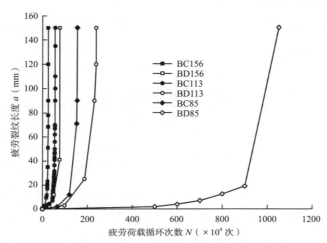

图5-35 加固钢梁的疲劳裂纹扩展曲线

3. 未加固钢梁与加固钢梁的试验结果比较

根据未加固钢梁 BC156、BC113 和 BC85 的疲劳试验结果拟合得到的 S-N 曲线(如图 5-36 所示)为:

$$\lg\Delta\sigma=4.0-0.335\lg N \tag{5-7}$$

由图 5-36 可以看出这三根未加固钢梁试验点基本在一条直线上,并且与相同连接型式钢结构疲劳试验结果的 S-N 曲线基本吻合。表明未加固钢梁疲劳试验数量虽然比较少(只有 3 个),但试验结果的离散性比较小,并且与相关参考资料的试验结果基本一致,因此可以根据这三根钢梁的 S-N 曲线估计其他应力幅下未加固钢梁的疲劳寿命。由式(5-7)推算未加固钢梁对应于 2×10^6 次疲劳荷载作用的应力幅为 77.5MPa。

相应地,CFRP 板加固钢梁的疲劳试验结果也可以拟合成 S-N 曲线(图 5-36),S-N 曲线方程为:

$$\lg\Delta\sigma=3.516-0.227\lg N \tag{5-8}$$

从图 5-36 中可见，与未加固钢梁相比，加固钢梁 *S-N* 曲线的斜率变小，在相同应力幅情况下，加固钢梁的疲劳寿命增大很多，并且应力幅越小，加固钢梁疲劳寿命提高幅度越大，加固效果越好。对应于 2×10^6 次循环荷载作用，钢梁在采用 CFRP 板加固前后的疲劳强度分别为 77.5MPa、122MPa，

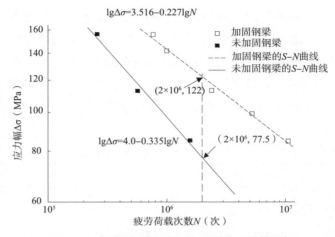

图5-36　未加固钢梁和加固钢梁的*S-N*曲线比较

加固后比加固前提高 58.2%，相当于将我国《钢结构设计规范》GB 50017—2003 中的构件和连接分类由第 7 类提高到第 4 类。

为了直观地反映加固前后疲劳寿命的变化，表 5-7 给出了各种应力幅情况下，所有试件的疲劳寿命试验结果以及加固钢梁疲劳寿命与未加固钢梁疲劳寿命的比值。从表 5-7 可以看出，当应力幅分别为 156MPa、142MPa、113MPa、99MPa、85MPa 时，加固钢梁与未加固钢梁的疲劳寿命比值相应地为 2.98、3.05、4.21、5.41、6.74，表明 CFRP 板粘贴加固钢梁可以有效地提高钢梁的疲劳寿命。从表中还可以看出，应力幅水平越小，加固钢梁的加固效果越好。分析原因主要有两个：一是应力幅水平越小，钢梁疲劳裂纹萌生所经历的疲劳荷载次数越多，总的疲劳寿命越长；二是当应力幅水平较小的时候，胶层受力比较小，在疲劳试验过程中胶层相对完好，胶层本身的疲劳破坏对钢梁疲劳裂纹扩展影响较小。

对于存在 15mm 初始疲劳裂纹的钢梁，采用 CFRP 板进行加固后钢梁 BD85d 的疲劳寿命与未加固钢梁 BC85d 的疲劳寿命比值为 6.11。存在疲劳损伤的钢梁 BD85d 是在 CFRP 板加固前先在疲劳试验机上进行疲劳试验，预制出 15mm 长的真实疲劳裂纹，然后采用 CFRP 板加固后进行疲劳试验。试验结果表明，当存在 15mm 的初始疲劳裂纹时，采用 CFRP 板加固后钢梁的剩余疲劳寿命达到 1.68×10^6 次，甚至比完好的未加固钢梁 BC85 的疲劳寿命 1.556×10^6 次还长，也就是说，采用 CFRP 板加固的 BD85d，将存在 15mm 初始疲劳损伤裂纹钢梁（仅剩有 15% 疲劳寿命）的疲劳寿命恢复到未损伤钢梁的状态。这个试验结果对于实际工程是非常重要的，因为实际工程中钢结构试件一旦发现肉眼可以识别的疲劳裂纹

时，疲劳裂纹一般都达到 10mm 以上，此时钢结构试件的剩余疲劳寿命很短，仅占总疲劳寿命的 20% 左右，一般都认为该钢结构构件已没有加固意义，直接用新构件将其更换。更换构件本身费用不一定大，但花费时间长，会引起工厂停产，间接损失比较大。但如果采用 CFRP 板加固可以将疲劳损伤钢梁的疲劳寿命恢复到未损伤的水平，则可以不需要更换新的构件（或等停产检修的时候再更换）。

疲劳试验结果汇总　　　　　　　　　　　　　表 5-7

名义应力幅（MPa）	试件编号	疲劳寿命（×10^4 次）	加固试件与未加固试件疲劳寿命比值
156	BC156	25.7	2.98
	BD156	76.6	
142	BC142[*1]	32.8	3.05
	BD142	100.1	
113	BC113	56.6	4.21
	BD113	238.5	
99	BC99[*1]	96.2	5.41
	BD99	520.0	
85	BC85	155.6	6.74
	BD85	1050	
85	BC85d[*2]	27.5	6.11
	BD85d	168.0	

注：*1 表示疲劳寿命不是试验直接得到的结果，而是由未加固钢梁的 S-N 曲线推算得到。

　　*2 表示 BC85d 疲劳寿命是根据未加固钢梁 BC85 从 15mm 的疲劳裂纹长度到疲劳破坏所经历的荷载循环次数得到的。

5.4　CFRP 板加固钢结构疲劳寿命预测

采用 S-N 曲线的名义应力法对 CFRP 板加固钢结构进行疲劳寿命分析具有一定的局限性，而断裂力学方法可以很好地通过构件疲劳裂纹扩展预测其寿命，考虑到 CFRP 板所加固的既有钢结构一般都存在不同程度的疲劳损伤，其疲劳寿命可以认为主要是由疲劳裂纹的扩展构成。

5.4.1　疲劳寿命分析模型

1. 考虑裂纹闭合效应的分析模型

Elber 根据试验结果提出裂纹闭合理论：只有当施加应力大于某一应力

水平时，疲劳裂纹才能完全张开，这一应力称为张开应力，记为 σ_{op}；卸载时小于某一应力水平，疲劳裂纹即开始闭合，这一应力称为闭合应力，记为 σ_{cl}。试验结果表明：张开应力和闭合应力的大小基本相同。疲劳裂纹只有在完全张开后才能扩展，所以应力循环中只有 $\sigma_{max}-\sigma_{op}$ 的部分对疲劳裂纹扩展有贡献。

应力循环中，最大应力与张开应力之差，称为有效应力幅 $\Delta\sigma_{eff}$：

$$\Delta\sigma_{eff}=\sigma_{max}-\sigma_{op} \tag{5-9}$$

相应地，有效应力强度因子幅值为：

$$\Delta K_{eff}=K_{max}-K_{op} \tag{5-10}$$

疲劳裂纹扩展速率 da/dN 应由 ΔK_{eff} 控制，于是 Paris 公式成为：

$$da/dN=C\left(\Delta K_{eff}\right)^{m} \tag{5-11}$$

定义 U 为裂纹闭合参数：

$$U=\Delta\sigma_{eff}/\Delta\sigma=\Delta K_{eff}/\Delta K \tag{5-12}$$

即：

$$U=\frac{\Delta K_{eff}}{\Delta K}=\frac{K_{max}-K_{op}}{K_{max}-K_{min}} \tag{5-13}$$

定义 q 为有效应力比，即：

$$q=\frac{\sigma_{op}}{\sigma_{max}}=\frac{K_{op}}{K_{max}} \tag{5-14}$$

定义 R 为应力比，即：

$$R=\frac{\sigma_{min}}{\sigma_{max}}=\frac{K_{min}}{K_{max}} \tag{5-15}$$

将式（5-14）和式（5-15）代入式（5-13），得到

$$U=\frac{\Delta K_{eff}}{\Delta K}=\frac{K_{max}-K_{op}}{K_{max}-K_{min}}=\frac{1-q}{1-R} \tag{5-16}$$

将式（5-12）代入式（5-11），则：

$$da/dN=C\left(\Delta K_{eff}\right)^{m}=C\left(U\Delta K\right)^{m} \tag{5-17}$$

由式（5-16）可知，裂纹闭合参数 U 与有效应力比 q、应力比 R 有关。P.J. Veers 提出如下经验公式：

$$q = 0.31 \left(1 + \frac{R}{0.74} \right) \tag{5-18}$$

根据式（5-18），已知应力比 R 可以得到有效应力比 q，将 q 和 R 代入式（5-16），可以得到裂纹闭合参数 U。前述疲劳试验中应力比 R 分别为 0.4 和 0.2，计算可得闭合参数 U 分别为 0.87 和 0.7575。

2. 疲劳寿命预测公式

由式（5-11）积分可以得到疲劳裂纹扩展寿命：

$$N = \frac{1}{C} \int_{a_{in}}^{a} \frac{\mathrm{d}a}{\left(\Delta K_{eff} \right)^m} = \frac{1}{C} \int_{a_{in}}^{a} \frac{\mathrm{d}a}{\left(U \Delta K \right)^m} \tag{5-19}$$

式中：C 和 m——材料常数；

$\quad a_{in}$——初始疲劳裂纹长度；

$\quad a$——疲劳裂纹扩展长度；

$\quad N$——裂纹从初始裂纹长度 a_{in} 扩展到裂纹长度 a 时所经历的荷载循环次数（即剩余疲劳寿命）；

$\quad U$——裂纹闭合参数，与应力比 R 有关。

采用 CFRP 板加固的含疲劳裂纹钢结构，裂纹尖端的应力强度因子幅值 ΔK 比加固前减小。根据积分公式（5-19），应力强度因子幅值 ΔK 越小，循环荷载次数 N 越大，表明 CFRP 板加固钢结构的疲劳寿命越长。

5.4.2 疲劳寿命预测结果与试验结果比较

1. 疲劳裂纹扩展速率参数（C、m）的确定

疲劳裂纹扩展速率参数 C 和 m 是与材料有关的常数，可按以下方法确定：

（1）由疲劳试验得到的裂纹长度和荷载次数（a_i，N_i）数据，计算裂纹扩展速率（$\mathrm{d}a/\mathrm{d}N$）$_i$。裂纹扩展速率计算采用割线法，即以二相邻数据点连线的斜率，作为该区间的平均裂纹尺寸（$a_{i+1} + a_i$）/2 所对应的裂纹扩展速率，故有：

$$\left(\mathrm{d}a/\mathrm{d}N \right)_i = \left(a_{i+1} - a_i \right) / \left(N_{i+1} - N_i \right) \tag{5-20}$$

（2）根据有限元或经验公式计算结果，可得对应于 a_i 的应力强度因子幅值（ΔK）$_i$，从而得到有效应力强度因子幅值（ΔK_{eff}）$_i$。

（3）将式（5-11）的两边取对数后为：

$$\lg (da/dN) = \lg C + m \lg (\Delta K_{eff}) \tag{5-21}$$

（4）利用上述得到 $[(da/dN)_i, (\Delta K_{eff})_i]$ 作最小二乘线性拟合，即可确定裂纹扩展参数 C 和 m。

按照上述方法，试验中未加固的含中央裂纹钢板试件 PC120 和 PC90 的疲劳裂纹扩展试验数据（图 5-7），可以得到 16Mn 钢材的裂纹扩展参数：

$$m = 3.5257, \quad C = 1.427 \times 10^{-14} \tag{5-22}$$

此处，疲劳裂纹扩展速率 da/dN 的单位为 mm/ 次，应力强度因子 K 的单位为 MPa $\sqrt{mm}$。

2. CFRP 板加固钢板的疲劳寿命预测

传统的 $S-N$ 曲线方法是完全根据试验结果得到，利用疲劳寿命断裂力学分析方法，可以计算出对应不同应力幅 $\Delta\sigma$ 大小情况下含中央疲劳裂纹钢板的疲劳寿命 N，从而得到在双对数坐标下的 $S-N$ 曲线。

图 5-37 给出了含中央疲劳裂纹钢板在未加固、采用 156GPa 的中弹模 CFRP 板及采用 320GPa 的高弹模 CFRP 板加固情况下的三条 $S-N$ 预测曲线分别为：

$$未加固钢板 \quad \lg\Delta\sigma = -0.284 \lg N + 3.573 \tag{5-23}$$

$$采用 156GPa 的 CFRP 板加固 \quad \lg\Delta\sigma = -0.284 \lg N + 3.718 \tag{5-24}$$

$$采用 320GPa 的 CFRP 板加固 \quad \lg\Delta\sigma = -0.284 \lg N + 3.846 \tag{5-25}$$

图 5-37 表明这三条 $S-N$ 曲线均是斜率为 $-1/m$（$m = 3.5257$）的平行直线。图 5-37 中还给出试验结果与 $S-N$ 预测的关系，可以看出，未加固试件 PC120 和 PC90、加固试件 PD120a 与 $S-N$ 预测曲线吻合得比较好，表明采用断裂力学方法可以很好地预测已经存在疲劳裂纹损伤情况下钢结构的 $S-N$ 曲线。加固试件 PD90 和 PD120 与 $S-N$ 预测曲线公式（5-25）吻合得不好，这主要是 PD120 在试验过程中 CFRP 板与钢板从一端发生比较严重的脱胶现象影响了疲劳寿命，而 PD90 在试验过程中当循环荷载次数达到 3×10^6 次，疲劳裂纹长度达到 20mm 的时候，将应力幅从 90MPa 调整为 120MPa 的缘故。当考虑应力幅从 90MPa 调整到 120MPa 时，试验结果与疲劳寿命预测结果是

一致的（见图 5-38 和图 5-39）。

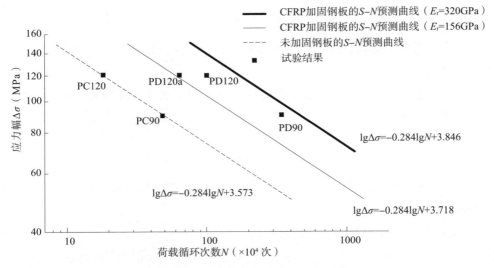

图5-37 CFRP板加固钢板S-N预测曲线

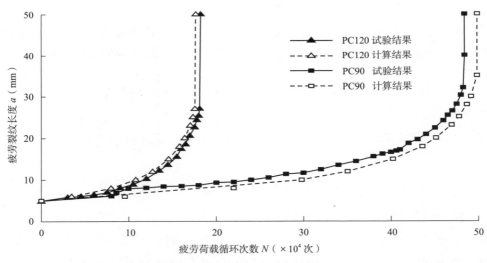

图5-38 未加固钢板疲劳裂纹扩展曲线

根据图 5-37 的 S-N 预测曲线，可以得到未加固钢板、采用 320GPa 的高弹模 CFRP 板和采用 156GPa 的中弹模 CFRP 板对应于 2×10^6 次疲劳寿命时，应力幅分别为 60.7MPa、84.8MPa 和 113.9MPa。这表明采用 320GPa 的高弹模 CFRP 板加固可以比未加固钢板的疲劳强度提高 87.6%，采用 156GPa 的中弹模 CFRP 板加固可以比未加固钢板的疲劳强度提高 39.7%。

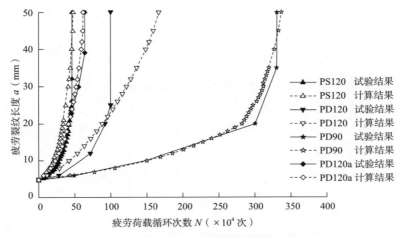

图5-39 CFRP板加固钢板疲劳裂纹扩展曲线

3. CFRP 板加固钢板的疲劳验算方法

当变幅疲劳荷载根据线性累积损伤理论转化成等效应力幅下的常幅疲劳荷载后，CFRP 板加固钢结构的疲劳寿命可以按照疲劳寿命预测方法进行计算，从而对 CFRP 板加固钢结构进行疲劳验算。

CFRP 板加固钢结构的疲劳建议按照公式（5-26）进行验算：

$$N_{\mathrm{pred}}/\varphi \geqslant N_{\mathrm{obj}} \qquad (5\text{-}26)$$

式中：N_{pred}——疲劳寿命预测值；

N_{obj}——目标疲劳寿命；

φ——附加安全系数，建议取为 3。

综上所述，建议 CFRP 板加固钢结构的疲劳验算计算方法步骤如下：

①将实测的结构应力–时间变化关系通过雨流法统计得到结构的变幅应力谱，得到等效应力幅；

②分析得到 CFRP 板加固钢结构的应力强度因子 K_{I} 表达式，从而得出对应等效应力幅的应力强度因子幅值 ΔK；

③根据公式（5-19）得到 CFRP 板加固钢结构的疲劳寿命预测值 N_{pred}；

④工程上一般只给出结构的目标使用期 T（年），目标疲劳寿命 N_{obj} 可以通过下式求得：

$$N_{\mathrm{obj}} = T' / \left(\frac{T^*}{\sum n_i^*} \right) \qquad (5\text{-}27)$$

$$T' = T \times 300 \times 24 \qquad\qquad (5-28)$$

式中：T^*——测量时间，单位为小时；

　　$\sum n_i^*$——测量时间 T^* 内，应力幅水平 $\Delta\sigma_1$，$\Delta\sigma_2$，…，$\Delta\sigma_i$，…，对应的实际循环次数为 n_1^*，n_2^*，…，n_i^*，…的总和；

　　T'——目标使用期（年）转化为小时，建议每天24小时工作制，每年按300天计算。

⑤根据公式（5-26）进行疲劳验算，判断加固是否满足要求。

第6章 碳纤维复材（CFRP）加固钢结构施工方法研究

与 CFRP 加固混凝土结构相比，CFRP 粘结加固钢结构具有明显不同的特性，首先，钢材是各向同性材料，其强度远大于混凝土，且表面较光滑；其次，CFRP 与混凝土粘结的破坏一般多发生在混凝土的浅层，破坏面不规则，而 CFRP 加固钢结构的粘结破坏都发生在粘结界面或 CFRP 的内部。因此，在采用 CFRP 加固钢结构时，要求粘结材料具有更高的粘结强度和变形能力，相应的施工粘贴工艺也有特殊的要求。本章根据实验研究成果和工程经验，着重介绍 CFRP 加固钢结构的施工方法，包括材料选择、施工工艺以及施工质量检验等。

6.1 材料选择

6.1.1 CFRP 布、板的选择

CFRP 布的主要力学性能指标可以参考《纤维增强复合材料建设工程应用技术规范》GB 50608—2010 以及《纤维增强复合材料加固修复钢结构技术规程》YB/T 4558— 2016 中的相关规定。

用于粘贴加固的 CFRP 布主要力学性能指标应满足表 6-1 的规定，CFRP 板的主要力学性能指标应满足表 6-2 规定，CFRP 布、板抗拉强度标准值应具有95%的保证率，弹性模量和伸长率应取平均值。

研究结果表明，一般情况下，采用高弹模 CFRP 布或 CFRP 板的加固效果要优于高强度的 CFRP 布或 CFRP 板。

CFRP 布的主要力学性能指标 表 6-1

类型		抗拉强度标准值（MPa）	弹性模量（GPa）	伸长率
高强度型	Ⅰ级	≥2500	≥210	≥1.3%
	Ⅱ级	≥3000	≥210	≥1.4%
	Ⅲ级	≥3500	≥230	≥1.5%
高弹模型		≥2900	≥390	≥0.7%

CFRP 板的主要力学性能指标			表 6-2
类型		抗拉强度标准值（MPa）	弹性模量（GPa）	伸长率

类型		抗拉强度标准值（MPa）	弹性模量（GPa）	伸长率
高强度型	Ⅰ 级	≥2400	≥140	≥1.4%
高强度型	Ⅱ 级	≥2000	≥140	≥1.4%
高弹模型		≥1500	≥300	≥0.3%

6.1.2 胶粘剂的选择

胶粘剂的性能指标可参考《纤维增强复合材料建设工程应用技术规范》GB 50608—2010 以及《纤维增强复合材料加固修复钢结构技术规程》YB/T 4558—2016 中的相关规定。

CFRP 布加固用浸渍树脂性能指标应满足表 6-3 规定。

浸渍树脂性能指标	表 6-3
性能	指标
混合后初黏度（25℃时）	≤ 20000mPa·s
触变指数	≥1.7
适用期（25℃时）	≥40min
凝胶时间（25℃时）	≤12h
拉伸强度	≥30MPa
拉伸弹性模量	≥1500MPa
伸长率	≥1.8%
抗压强度	≥70MPa
抗弯强度	≥40MPa
拉伸剪切强度（钢－钢）	≥14MPa
层间剪切强度	≥35MPa
玻璃化转变温度	≥60℃

CFRP 板加固用胶粘剂性能指标应满足表 6-4 规定。

胶粘剂性能指标	表 6-4
性能	指标
适用期（25℃时）	≥40min
胶凝时间（25℃时）	≤12h
拉伸强度	≥25MPa

续表

性能	指标
拉伸弹性模量	≥2500MPa
抗压强度	≥70MPa
抗弯强度	≥30MPa
拉伸剪切强度（钢-钢）	≥15MPa
对接接头拉伸强度（钢-钢）	≥25MPa
玻璃化转变温度	≥60℃

　　结合市场情况，选择 7 种 CFRP 加固钢结构用胶粘剂，开展了针对 CFRP 加固钢结构用胶粘剂的性能测试分析，比较了各种适合于钢结构加固胶粘剂的基本性能、钢对钢粘贴的拉伸剪切性能、CFRP 与钢材的粘接性能等。

　　1. 基本性能

　　根据试验结果，各种胶粘剂的性能对比如表 6-5 所示，包括力学性能（拉伸强度、弹性模量和伸长率等）和物理性能（适用期、固化时间和热变形温度）。

胶粘剂性能　　　　　　　　　　　　　　　　　　表 6-5

胶粘剂	J-1	J-2	J-3	J-4	J-5	J-6	J-7
种类	环氧	环氧	丙烯酸	环氧	环氧	环氧	丙烯酸
拉伸强度（MPa）	52.8	43.5	47.5	48.8	54.6	43.3	37.3
弹性模量（MPa）	2200	3800	1750	3380	2900	2570	5800
伸长率	3.0%	2.2%	4.5%	1.5%	2.8%	1.7%	1.2%
压缩强度（MPa）	75	86	70	82	90	65	66.6
适用期（min）	30	30	25	60	60	40	5
固化时间（h）	10	12	6	12	12	12	10min
热变形温度（℃）	52.8	53.5	58.0	51.3	51.5	80.0	57.5

　　可见，各种胶粘剂拉伸强度可以达到 37MPa 以上，J-7 胶粘剂适用期和固化时间都明显短于其他各种胶粘剂，可适用于对固化时间有特殊要求的工程。

　　2. 钢对钢粘贴拉伸剪切性能

　　对 7 种胶粘剂进行钢对钢粘贴拉伸剪切试验，试验结果如表 6-6 所示。

钢对钢粘贴拉伸剪切性能　　　　　　　　　　表 6-6

胶粘剂	J-1	J-2	J-3	J-4	J-5	J-6	J-7
钢-钢拉剪强度（MPa）	22.08	22.06	18.35	12.53	16.35	16.83	18.06
钢-钢对拉强度（MPa）	38.5	36.8	37.5	23.7	30.5	27.5	33.8

试验观察结果表明，对于钢对钢粘贴拉伸剪切试验，试件的破坏形式有三种：

（1）粘结胶层的内聚破坏：由于胶粘剂本体的剪切强度低于胶粘剂与钢材之间的粘结强度，此时破坏发生于胶粘剂内部，破坏面不是一个平面，而是接近于平面的凹凸不平的表面，如 J-1 和 J-3 就是典型的内聚破坏，见图 6-1；

（2）界面的粘附破坏：当胶粘剂与钢材之间的粘结强度较低时，破坏发生于两者之间的粘结界面，试件破坏表现为一个剪切片的粘结面几乎没有残留胶粘剂，而胶粘剂几乎全部残留于另一个剪切片的粘结面；

（3）混合破坏：破坏部分发生于胶层内部、部分发生于胶粘剂与钢材之间的粘结界面，如胶粘剂 J-2 的破坏，见图 6-2。

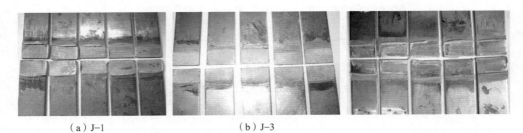

　（a）J-1　　　　　　　　　　　　　（b）J-3

图6-1　胶层内聚破坏　　　　　　　　　图6-2　混合破坏

实际工程中，考虑胶粘剂与钢材之间的粘结强度由胶层内聚强度和界面粘结强度的较小值决定。为了提高胶粘剂与钢材之间的粘结强度，不仅要提高胶粘剂本身的强度，还要改善胶粘剂与钢材之间的粘结性能。各种胶粘剂的拉伸剪切强度与极限应变如图 6-3 所示。从图 6-3 可以看出，J-1、J-2 和 J-3 与钢材之间的粘结性能较好，粘结强度高，剪切变形能力较好，其中 J-1 和 J-3 与钢材之间的粘结强度要高于它们本身的剪切强度，这三种胶粘剂的剪应力-应变关系如图 6-4 所示。从图 6-4 可以看出，J-1、J-2 与钢材之间的粘结强度和变形能力差不多，而 J-3 的剪切变形能力要高一些。因此，J-1、J-2 属于脆性胶粘剂，而 J-3 则属于韧性胶粘剂。一般环境条件下的工程设计时可以首选 J-3。

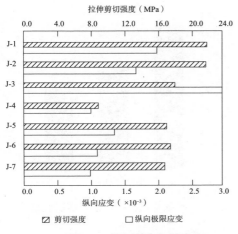

图6-3　剪切强度与剪应变

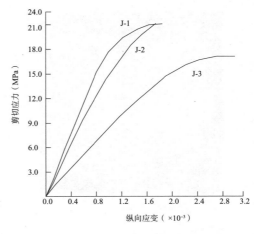

图6-4　剪应力-应变关系

3. CFRP 与钢材之间的粘结性能

由于没有关于测定 CFRP 与钢材之间粘结强度的试验方法，研究提出了如图 6-5 所示的 CFRP – 钢双搭接拉伸剪切试件，用以测定 CFRP 与钢材之间的粘结强度和变形能力。试件由两块不锈钢剪切片采用 CFRP 双面粘贴连接在一起，CFRP 与钢剪切片的粘贴长度分别为 25mm 和 50mm，剪切片之间的间隙为 2mm。粘贴长度为 25mm 的一端为工作段。采用三种胶粘剂为 J-1、J-2 和 J-3，分别与一种 CFRP 布和两种 CFRP 板组合，制备试件。试验如图 6-6 所示，测试其拉剪粘结强度，统计结果见图 6-7 所示。

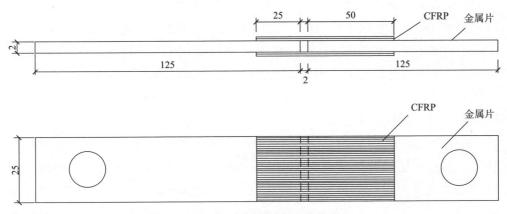

图6-5　CFRP-钢双搭接拉伸剪切试件

图6-6 双搭接拉剪试验

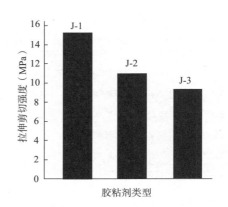

图6-7 CFRP-钢材双搭接拉伸剪切试验结果

结果表明，不同胶粘剂发生的界面破坏形态有所差别。J-1 对应试件发生 CFRP 板表层纤维被剪坏，钢材与胶粘剂完好。J-2 对应试件为胶粘剂与钢材之间破坏，钢板上残留有胶粘剂。J-3 对应试件破坏发生在 CFRP 板与胶粘剂之间，胶粘剂表面光滑。且当破坏发生于粘结界面上时，拉剪强度的离散系数大；而当破坏发生于 CFRP 板内部或胶层内部时，离散系数小。

对于 CFRP 加固钢结构技术而言，粘结材料的抗剪切能力和变形能力是至关重要的，从性能优化的角度来看，能力越强，加固效果越优，但性能越优的价格越高。由于 CFRP 加固钢结构技术主要应用于工业与民用建筑，在满足工程建设需求的前提下性价比越高越有推广价值，因此，建议拉伸剪切强度（钢－钢）的取值要略高于混凝土加固用粘结材料的指标值，参见表 6-3 和表 6-4。

钢结构加固的粘接材料宜采用环氧树脂或乙烯基酯树脂，其他高性能树脂基体（如聚氨酯等）在满足 CFRP 片材力学性能与长期服役性能要求的前提下，可以用于浸渍树脂及 CFRP 片材的制备。钢结构加固时配合使用的各种树脂应相互适配，避免不同树脂体系相互间发生化学反应，影响材料性能与施工性能。

6.1.3 防护材料的选择

对加固修复完的结构表面应进行防护处理，防护材料应与粘结材料可靠粘结。当被加固结构处于高温、高湿、强辐射、腐蚀等环境时，应根据具体环境条件选择有效的防护材料，相应防护材料与处理方法应使加固后结构满足《钢结构设计规范》GB 50017—2003 的有关规定。总体上讲，防护材料的选择应满足《纤维增强复合材料加固修复钢结构技术规程》YB/T 4558—2016中相关规定。

6.2　CFRP 加固钢结构施工工艺

已有的大量工程经验表明，CFRP 加固钢结构应由熟悉该技术施工工艺的专业施工队伍进行加固修复，施工操作人员应经培训后上岗，涉及隐蔽工程应做隐蔽记录；有完备的方案和施工技术措施，才能保证粘贴 CFRP 加固钢结构的质量。每一种 CFRP 布、板配套的粘结材料都具有一定的温度和湿度范围要求，只有满足了这种要求才能够达到设计的目的。

CFRP 加固钢结构的施工工艺主要包括表面处理工艺、胶处理工艺、粘贴工艺和表面防护工艺。

6.2.1　表面处理工艺

对钢材表面进行处理是为了保证 CFRP 布、板与钢材的可靠粘结，因为钢结构表面存有的油污或锈蚀均会影响界面粘结性能，降低加固效果。处理好的钢材表面具有较高的活性，容易被空气、水气及其他杂物污染，因此，处理好的钢表面不适合长时间暴露于大气中，应尽快进行粘贴施工。

如果钢结构存在表观裂纹，在裂纹尖端钻止裂孔可以消除裂纹尖端的应力集中。采用喷砂的方法处理钢材表面的氧化物，可显著提高纤维增强复合材料与钢界面粘结强度，增强界面粘结耐久性。如果喷砂处理在工程应用中困难较大，可采用其他表面处理措施来避免出现粘结破坏发生在胶粘剂与钢材的界面。

在进行粘贴之前，构件表面应打磨平整，无明显凹凸，并清除粘贴构件表面浮尘、积灰、浮漆和油污等污染物。此外，构件表面打磨应该控制好力度和时间，使构件露出钢材面，又不损伤钢材，因为原本需要加固的部位就存在一定的薄弱，打磨时不应产生新的缺陷或影响构件的性能。同时，为了增加胶与构件表面的粘结，构件表面要有一定粗糙度，可用细砂纸交叉打磨粘贴区域，磨痕方向与粘贴 CFRP 方向大致成 45° 角为佳。为防止构件表面处理后生成含水氧化层，影响胶结强度，构件表面处理应在粘贴 CFRP 施工前 5 小时内进行。在构件表面打磨处理完成后，对粘贴 CFRP 的区域进行划线定位。

鉴于既有钢结构一般都会定期涂刷防腐蚀涂料（即底漆），为了深入了解加固部位底漆对 CFRP 加固效果的影响，也专门进行了试验研究。即在车间吊车梁腹板上进行了 CFRP 布与钢板的正拉粘结性能现场试验，分析底漆对粘结效果的影响，现场照片见图 6-8。

（a）去除底漆　　　　　　　　　　　　　（b）未去除底漆

图6-8　底漆影响试验

试验结果表明，无底漆试验的正拉粘结强度平均值为有底漆试验的1.61倍。无底漆试件的破坏方式中，胶粘剂与腹板间有部分CFRP布扯离，粘结强度较大；有底漆的试件，试件将底漆扯离，破坏面为底漆与腹板结合面，粘结强度较低。因此，加固部位表面若有底漆，将极大地影响CFRP的加固效果，实际工程中应除去加固位置区域的底漆，露出钢板材质并打磨，才能有效提高粘结性能。

6.2.2　配胶、涂胶、滚胶工艺

1. 配胶工艺

配胶工艺影响最大的是固化时间，固化时间定义为：由胶粘剂搅拌均匀到某一状态的时间。此时间段内胶体具有粘结作用，超过此时间点后用手触摸胶体表面已硬化，指触干燥、不发黏，基本失去粘结作用。对固化时间未能有效控制会导致施工过程出现错误，甚至出现由于胶提前固化导致无法进行加固施工或者由于固化时间较慢导致施工周期长、加固不稳定的情况。按照产品的规定进行配比称量和搅拌，如果搅拌用容器内及搅拌器上有油污或杂质，会严重影响质量，因此应保持洁净。

配胶工艺的主要控制因素还包括不同胶试剂的比例以及温度和空气相对湿度等环境因素。

2. 涂胶工艺

涂胶应当按照所配胶的固化时间要求完成，方可保证涂胶的质量。根据长期的经验和试验结果，为保证涂胶粘结质量，在涂胶过程中应该注意以下几点：涂胶粘剂时要求胶层厚度均匀、无气泡，胶层厚度一般控制在0.3～0.8mm之间。若厚度不均匀或有气泡，则反复用工具多涂抹几次。一般经验是在粘结区域中部

涂胶量略多一些，在粘结区域周边位置略少一些，稍加压力沿 CFRP 周边挤出一些胶瘤，不能有空白，但也不能出现流淌现象。如果出现空白，则需要补胶，然后再加压；如果出现胶液流淌，则说明涂胶过多，应减少涂胶用量，并及时将已流淌的胶液进行清理。

3. 滚胶工艺

涂胶后用罗拉或者是质地较硬的圆筒（也可以是玻璃棒等表面光洁、平整、均匀的物体）进行滚压，或者用刮板以一定压力进行刮胶，滚压和刮涂过程中要施加一定的压力，以利于胶粘剂不同组份的充分混合及胶粘剂对纤维的充分浸渍，经过多次、单方向滚压 2 ~ 3 分钟左右。当采用 CFRP 布加固时，涂刷底层树脂和浸渍树脂后粘贴 CFRP 布，将 CFRP 布固定于粘贴部位后，采用滚筒顺纤维方向单向滚压以排除空气避免空鼓，并使浸渍树脂充分浸透 CFRP 布，滚压时应尽量避免 CFRP 布损伤或纤维弯曲，待每一层树脂指触干燥后立刻进行下一道工序。在制备过程中，滚压要沿着纤维的方向，从一端向另一端滚压。滚压过程中，用手压住 CFRP 布的一边，防止其褶皱；涂胶过程中胶层应均匀、饱满，粘贴后充分滚压，目测使 CFRP 布尽量充分地被胶粘剂浸润，缺胶处应进行补胶。

6.2.3　粘贴工艺

对于 CFRP 布，可以搭接粘贴，顺纤维方向搭接长度不应小于 100mm，搭接区域不允许出现空鼓、凸起、凹陷等缺陷，从而保证整体性。对于 CFRP 板，原则上不能搭接。在粘贴 CFRP 和固化过程中，环境温度应该控制在粘结剂要求的使用温度范围内。如果粘贴后出现胶层空白，则需要补胶粘剂，然后再加压粘贴。

一般而言，粘贴工艺对 CFRP 加固钢结构效果有直接的影响。开展了 CFRP 布加固钢板的粘贴工艺试验，测试不同粘贴层数、不同粘贴工艺下 CFRP 布与钢材的正拉粘结强度。选用 J-7 胶粘剂。工艺 1 是将胶粘剂 A、B 组分混合均匀后涂抹于钢板和 CFRP 布上，粘贴后用罗拉进行滚压，试件照片见图 6-9（a）。工艺 2 是将 A、B 组分分别涂于钢板和 CFRP 布，然后将两者粘贴在一起，用罗拉沿着一个方向滚压，使胶将 CFRP 布充分浸润，照片见图 6-9（b）。两组工艺试验的正拉粘结强度结果表明，工艺 2 的平均粘结强度几乎为工艺 1 的 2 倍，这表明工艺 2 能有效提高粘结性能。

在 CFRP 布加固施工中很重要的一方面是多层 CFRP 布的粘贴。在上述试验的基础上进行粘贴两层 CFRP 布的工艺试验，分别将胶粘剂 A、B 组分涂于钢板和 CFRP 布再进行粘贴。工艺 3 采用的粘贴工艺为第一层布粘贴完毕待胶粘剂完全固化后再进行第二层布的粘贴。工艺 4 为粘贴第一层布后,在胶未固化前进行下一层 CFRP 布的粘贴,见图 6-10。

（a）工艺1　　　　　　　　　　　　　（b）工艺2

图6-9　粘贴单层CFRP布工艺试验

（a）工艺3　　　　　　　　　　　　　（b）工艺4

图6-10　粘贴双层CFRP布工艺试验

试验结果表明,工艺 4 的正拉平均强度为工艺 3 的 1.73 倍,即后者的工艺能极大有效提升粘结能力。此外,工艺 3 的试件破坏源自第一层 CFRP 布的表面,说明两层 CFRP 布之间出现了粘结薄弱层;工艺 4 的破坏源自两层 CFRP 布之间的胶层,正拉粘结强度较高。破坏形态见图 6-11。因此,对于多层 CFRP 布的加固,除了应选用优化的涂胶工艺外,还应注意在前一层 CFRP 布的胶未完全固化前就进行下一层 CFRP 布的粘贴。

同时,为了保障界面粘结能力的持久稳定,在实际施工中,为防止多层 CFRP 布的剥离,可在粘贴完成的 CFRP 布两侧或一侧粘贴压条,见图 6-12。

（a）工艺3　　　　　　　　（b）工艺4

图6-11　试件破坏形态对比　　　　　　图6-12　多层CFRP布和压条粘贴

6.2.4　表面防护工艺

表面防护的目的是使 CFRP 布、板及粘结材料免受外界不利环境介质的侵害，对有防护要求的钢结构，应采取相应的防护措施。对于有防火要求的建筑，应选择合适的防火材料并进行防护处理，以保证加固后建筑物能够达到防火规范规定的防火等级。一般的 CFRP 加固钢结构用胶多为常温固化型材料，无法承受很高的环境温度，CFRP 布粘贴完成以后，需对其表面进行防护和耐温处理。防护涂料的喷涂工艺，需要确保其与 CFRP 布的粘结强度，又不损害纤维增强复合材料的力学性能。

耐温试验结果表明，刷涂防火涂料后，防火涂料能与 CFRP 布较好地粘结。根据测试结果，建议在胶粘剂完全固化后再喷涂防护涂料。

防护材料较为多样化，除了耐温防火外，常见的表面防护还有耐腐蚀防护等，其喷涂工艺在此不再一一叙述。

6.3　CFRP 加固钢结构施工程序和质量检验

6.3.1　施工程序

CFRP 布加固钢结构的施工质量与加固效果密切相关，在合理选择加固材料、确定合理的施工工艺后，施工程序的控制成为保证加固质量的关键环节。根据前期完成的试验研究、工艺优选和工程经验，确定 CFRP 布加固施工程序，施工基本流程见图 6-13。

1. 施工准备及要求

（1）人员要求

粘贴 CFRP 加固钢结构时，应由熟悉该技术施工工艺的专业施工队伍完成，施工操作人员应经培训后上岗，涉及隐蔽工程应做记录。现场施工人员应采取相

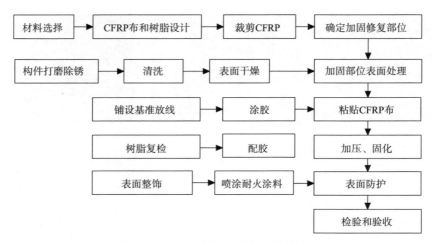

图6-13 CFRP加固钢结构施工程序

应的劳动保护措施。在施工前，应具有加固修复方案，并根据设计要求及施工现场的实际情况编制施工技术方案。

应认真阅读加固设计施工图并根据结构加固特点、施工工艺要求、施工现场和被加固钢结构的实际状况，拟定施工方案和施工计划。

（2）材料要求

施工前应准备好加固使用的 CFRP 布、板、配套粘结材料、施工机具等。CFRP 布、CFRP 板和配套粘结材料应具有产品合格证、检测报告；配套粘结材料还应具有使用说明。

CFRP 及其配套的粘结材料应采取措施保证安全，配套的粘结材料应密封储存，远离火源，避免阳光直接照射。CFRP 应远离电气设备及电源，或采取可靠的防护措施。配套的粘结材料配制和使用场所应保持通风良好。

2.表面处理要求

（1）构件表面需按照设计要求将粘贴 CFRP 区域打磨平整，清除表面的浮尘、积灰，尤其是构件相交和弯折处一定要打磨平滑，宜用钢丝刷仔细清理干净；

（2）钢结构表面须有一定的粗糙度，可用细砂纸交叉打磨粘贴区域，磨痕与粘贴 CFRP 方向大致成 45°角为佳；

（3）表面处理时，要求既要使构件露出原来材质，又不过度损伤钢材；

（4）表面处理应在 CFRP 施工前 5 小时内进行，构件表面处理后不宜放置太久，以免生成含水氧化层，影响加固效果；

（5）粘贴前用溶剂清洗，尽快开始粘贴工序；

（6）当钢结构表面存在表观裂纹时，应在裂纹尖端约 2mm 区域钻止裂孔。

3. 粘贴位置定位

根据加固方案和设计图，对粘贴 CFRP 的区域进行放线定位。放线区域应包含粘贴区域，一般在粘贴部位画出粘贴 CFRP 各条带的定位线即可，见图 6-14。

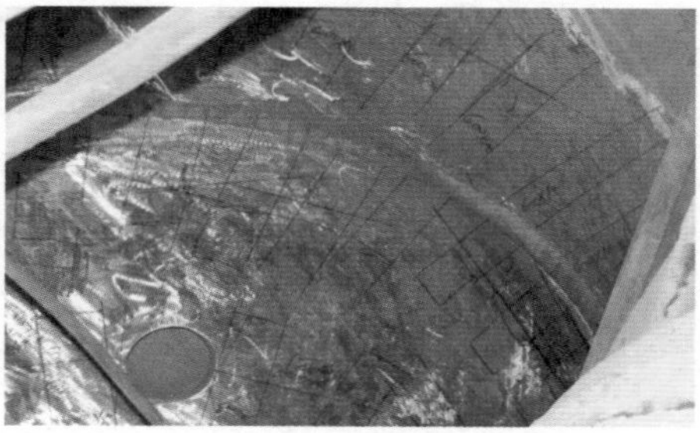

图6-14　定位放线

4. 粘贴 CFRP 布、板

按照加固设计的尺寸裁剪 CFRP 布、板。为保证施工进度，可以按照设计图要求的尺寸提前裁剪好 CFRP 布、板，防止沾染灰尘和杂物，裁剪好的 CFRP 布、板应平铺或者卷成筒状放置，不应弯折。裁剪和粘贴过程中严禁损伤 CFRP 布、板。要求剪裁好的 CFRP 布、板实际面积应不小于加固设计面积。

当采用 CFRP 布加固时，采取涂刷浸渍树脂后粘贴 CFRP 布。将 CFRP 布固定于粘贴部位后，采用滚筒顺纤维方向单向滚压，以排除空气避免空鼓，并使浸渍树脂充分浸透 CFRP 布，滚压时应尽量避免纤维布损伤或纤维弯曲，待每一层树脂指触干燥后尽快进行下一道工序。如果出现胶层空白，则需要补胶，然后再加压粘贴。称取胶液时应根据施工进度、固化温度确定用胶量，不能一次性称取大量的胶液。涂胶的场所应明亮干燥，灰尘尽量少。涂胶过程中，称取各组分的工具不能混用，涂胶的工具也不能接触盛胶容器中未用的各组分。应按照产品要求严格控制各组份的比例。多层粘贴时，应按设计顺序和方向粘结。应在前一层粘贴 10 ~ 30 分钟内进行后一层 CFRP 布粘贴。CFRP 布搭接处，顺纤维方向搭接长度不应小于 100 分钟，搭接区域不允许出现空鼓、凸起、凹陷等缺陷。

采用 CFRP 加固时，涂刷胶粘剂后将 CFRP 板固定在粘贴部位后加压使板周边挤出胶粘剂即可。

施工过程中，CFRP 表面严禁污染或沾染灰尘、杂质等。施工现场环境温度和湿度应处于配套树脂材料规定的使用温度和湿度范围内。

5. 表面防护

对于有防护要求的钢结构，应采取相应的防护措施。如对于有防火要求的结构，必须按照要求选择合适的防火材料并进行防护处理，以保证加固后结构能够达到防火规范规定的防火等级。

表面防护施工应在粘结材料完全固化后进行，并按照现行国家标准《建筑结构加固工程施工质量验收规范》GB 50550—2010 的规定处理，以保证防护材料与 CFRP 可靠粘结。表面防护效果见图 6-15。

图6-15 刷防护涂料

6.3.2 施工质量检验与验收

1. 原材料检验

对 CFRP、胶粘剂等原材料宜按工程用量一次进场到位。进场时，应会同监理单位对产品合格证、产品质量出厂检验报告和包装完整性进行检查，同时对产品的性能进行见证抽样复检。

2. 过程质量检查与控制

上一道工序经检查合格后，方可进行下一道工序的施工。施工质量不能满足要求时，应立即采取补救措施或返工。施工过程中，应有专门人员负责质量检查并做详细记录。

3. 尺寸偏差检验

CFRP 的实际粘贴面积不应少于设计面积，与设计要求的位置相比，其中心线偏差不应大于 10mm。

4. 粘结质量检验及验收

CFRP 加固修复钢结构工程的竣工验收程序和验收工作应按照《建筑工程施工质量验收统一标准》GB 50300—2013 和《建筑结构加固工程施工质量验收规范》GB 50550—2010 的相关规定进行。

CFRP 与钢材之间的粘结质量宜采用无损检测方法，主要采用目测法、指压法及锤击法进行检查，总有效面积不应小于总粘结面积的 95%。采用 CFRP 布加固时，若单个空鼓面积不大于 $2500mm^2$，允许采用针管注胶法进行修补；若单个空鼓面积大于 $2500mm^2$，应将空鼓处的 CFRP 割除，重新搭接并粘贴等量 CFRP。重新粘贴时，其顺纤维方向每端的搭接长度不应小于 200mm；若粘贴层数超过 3 层时，该搭接长度不应小于 300mm，对于垂直纤维方向，每边的搭接长度可取为 100mm。采用 CFRP 板加固时，若单个空鼓面积大于 $2500mm^2$ 即返工。

（1）目测法

通过肉眼或借助放大镜，对粘贴 CFRP 的表面状况及粘结情况进行观测。观察胶层及 CFRP 有无翘曲、外鼓、剥离、脱胶、孔洞、缺胶、错位等状况。

目测 CFRP 的粘贴位置与设计划线位置有无错位、偏离以及粘贴 CFRP 的尺寸是否满足设计要求，并对 CFRP 布的搭接长度和接缝情况进行目测。CFRP 的实际粘贴面积不应小于设计量，两条 CFRP 布的搭接长度不应小于规定的数值，其位置偏差应在允许偏差范围内。

（2）指压法

通过用手触摸、按压粘贴 CFRP 的表面，对 CFRP 的粘结及胶层的饱满程度进行判断。通过触摸判断 CFRP 布表面是否有明显的凸起、胶瘤、凹陷；用手指施加压力，判断 CFRP 板内部是否有空鼓、孔洞和粘结不实、脱胶等情况。

（3）敲击法

用小锤轻轻敲击粘结部位 CFRP 表面，发出清脆的声音、手压无凹凸感，则表明粘结良好，如果声音沉闷沙哑，说明里面很可能有气孔、夹空、离层和脱粘等缺陷。

5. 防护层施工质量的检验

防护涂料层厚度应均匀，其防护面积应大于 CFRP 粘贴区域，有效防护面积与设计防护总面积之比不低于 98%。

防火隔热板设置后应保证被保护的 CFRP 表面温度不超过规定的使用温度。

6. 工程验收资料

①工程概况及钢结构鉴定或评估报告；

②设计文件；

③施工资料，包括施工组织设计、施工工艺及过程质量控制记录、隐蔽验收记录、材料和工程量统计、加固修复后图纸等；

④监理资料，过程控制记录；

⑤原材料检验报告、现场质量检验报告。

第四篇

钢吊车梁系统诊治技术
综合应用

第7章　实腹式钢吊车梁上翼缘附近疲劳性能研究

7.1　概述

大量的国内外工程案例表明，实腹式钢吊车梁上翼缘与腹板连接焊缝处易出现疲劳裂缝，被称为"颈部效应"。由于受到局部轮压、制动力、轨道偏心、卡轨等因素的影响，上翼缘与腹板连接焊缝的应力状态十分复杂，国内外至今没有形成统一的研究成果。

除型钢吊车梁外，实腹式吊车梁腹板与上翼缘连接主要采用焊接，早期设计主要采用两侧角焊缝，后由于该处开裂频发，改为坡口熔透焊缝，情况有所改善，但在重级工作制吊车作用下的吊车梁仍不时出现开裂现象。受到局部吊车轮压、轨道偏心、卡轨、横向水平荷载、纵向水平荷载、大车轮压产生的剪应力等荷载作用，上翼缘与腹板连接焊缝处常常处于复杂的应力状态和较高的应力水平，这种复杂的应力状态和较高的应力水平是导致疲劳开裂的重要原因。

通过对吊车梁实际工作状态的研究及实际调查，可以发现吊车轮压集中力数值大而分布长度小，导致上翼缘下局部腹板中有相当高的局部应力；横向和纵向水平力作用于轨顶，不仅使梁产生平面外的弯矩和扭转，同时又使梁腹板产生相当大的附加弯曲应力。此外，在轨道与上翼缘接触不平、轨道接头、轮压偏心的特殊作用条件下，腹板上部常处于应力水平很高的局部复杂应力状态。在吊车梁的腹板与上翼缘连接处主要作用有以下几种应力：

①在吊车竖向荷载作用下，由梁的总弯曲和剪切变形产生的 σ_x，τ_{xy}；

②在吊车轮压作用下，由于局部挤压产生的局部应力 σ_x^j，σ_y^j，τ_{xy}^j；

③在竖向荷载偏心作用和水平侧向力作用所产生的扭矩作用下，由于局部扭矩所产生的局部应力 σ_x^b，σ_y^b，τ_x^b；

④薄腹梁在重复荷载作用下，由于腹板的侧向振动而产生的附加应力；

⑤横向加劲肋上端未能与上翼缘顶紧而产生的附加应力。

此外还有吊车横向作用力，包括大车卡轨力、小车横向制动力等。从目前掌握的资料看，吊车横向作用远比《钢结构设计规范》GBJ 17—88 及以前相关规范规定的大，《钢结构设计规范》GB 50017—2003 虽有所调整，但从工程实践看还是偏小。

7.2　工字型钢吊车梁上翼缘附近疲劳性能分析与加固研究

工字型钢吊车梁上翼缘附近的疲劳裂缝常见于上翼缘与腹板连接焊缝、加劲肋与上翼缘连接焊缝处（图 7-1、图 7-2）。通常情况下，吊车梁上翼缘与腹板间焊缝采用坡口焊缝，加劲肋与上翼缘之间采用贴角焊缝。疲劳裂缝常起源于横向加劲肋、上翼缘与腹板连接焊缝连接处，先自横向加劲肋向两侧水平发展，延伸一定长度后斜向下深入吊车梁腹板。从受力角度分析，造成这种破坏的可能性因素有：

①由局部扭转产生附加弯曲应力的作用；

②剪应力作用：整体及局部挤压剪应力的作用、最大主剪应力作用或三维应力状态下的最大剪应力作用；

③受弯、受剪及受弯剪联合作用；

④焊接残余拉应力的作用；

⑤由于加劲肋与梁上翼缘缺乏适当的支撑而引起腹板上部的高应力作用；

⑥焊接局部微小缺陷在复杂应力下的扩展。

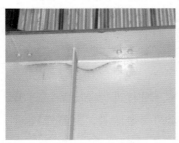

图7-1　腹板与上翼缘连接附近开裂　　图7-2　腹板、加劲肋与上翼缘连接焊缝开裂

7.2.1　应力测试

钢吊车梁的应力测试通常包括静力测试、动态测试两项。静力测试一般用于测试最大应力和最大应变，通过测试结果校核计算模型的准确性；动态测试主要统计荷载谱，用于疲劳累积损伤评估。在生产工艺、产量相对稳定的车间，吊车的运行相对稳定，钢吊车梁的荷载谱具有一定的周期性，实际工程往往通过小样本测试，来推测整个生产周期的荷载谱。

某二炼钢厂主厂房建于 1978 年，主要采用焊接工字型等截面钢吊车梁，跨度为 9m，钢材为 16Mn，截面尺寸如图 7-3 所示；吊车梁上翼缘与腹板间焊缝采用坡口焊缝，横向加劲肋与上翼缘之间采用贴角焊缝。设有 125/30t 重级工作制软钩吊车，钢轨采用 QU120，吊车最大轮压为 602.7kN。

应变片粘贴于吊车梁跨中偏 250mm 的截面上，即图 7-3 中 1-1 截面。在上翼缘和下翼缘各贴两片电阻应变片，电阻应变片距离吊车梁翼缘边缘 20mm。

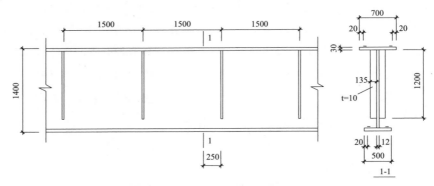

图7-3　吊车梁截面尺寸及测点图

吊车梁在吊车吊重（104.9t）下的测试结果见表 7-1。

吊车梁静力测试结果　　　　　　　　　　　　　　　　表 7-1

位置	测试最大应变（με）	测试最大应力（MPa）	理论计算应力（MPa）
上翼缘	−410	−61.7	−74.5
下翼缘	535	80.54	93.8

为进一步了解正常生产时吊车梁的工作情况，对其进行动态测试，测试期间该车间处于正常生产。采用动态应变仪进行连续的测量记录，共连续测量了 8 小时，在这 8 小时内共冶炼 17 炉 1300t 钢。

对测试结果采用"雨流法"进行统计，得到下翼缘处的等效应力幅、循环次数等，如表 7-2、图 7-4 所示。

下翼缘测试统计结果　　　　　　　　　　　　　　　　表 7-2

测点	最大应力幅（MPa）	测试时间内应力循环次数（次）	等效应力幅（MPa）	相对 $2×10^6$ 次的欠载效应等效系数 α_f
左侧测点	59.6	160	38.27	0.88
右侧测点	70.45	155	48.0	0.94

统计结果表明，该吊车梁的相对欠载效应等效系数高于《钢结构设计规范》GB 50017—2003 重级工作制软钩吊车 $\alpha_f = 0.8$ 的规定，可见该吊车梁的服役程度是相对繁重的。

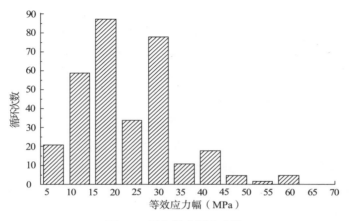

图7-4　吊车梁实测应力谱

7.2.2　应力计算分析

上翼缘与腹板连接处应力的常用计算方法有两种：名义应力法、有限元法。

1. 名义应力法

我国《钢结构设计规范》GB 50017—2003 在受弯构件的计算中，给出了工字型钢梁上翼缘受有沿腹板平面作用的集中荷载且该荷载处未设置支承加劲肋时，腹板与上翼缘连接处的名义应力计算公式。

（1）吊车梁支座处截面的剪应力

当为平板式支座时，按公式（7-1）计算，即

$$\tau = \frac{V_{\max} S}{I t_w} \tag{7-1}$$

当为突缘支座时，按公式（7-2）计算，即：

$$\tau = \frac{1.2 V_{\max}}{h_0 t_w} \tag{7-2}$$

式中：$V_{\max}$ ——支座处沿腹板平面作用的最大剪力；

S ——计算剪应力处以上毛截面对中和轴的面积矩；

I ——毛截面惯性矩；

t_w ——腹板厚度；

h_0 ——腹板高度。

（2）腹板与上翼缘连接处压应力

腹板局部压应力按公式（7-3）计算，即

$$\sigma_c = \frac{\psi F}{t_w l_z}\qquad\qquad(7-3)$$

式中：F——集中荷载即吊车轮压；

　　　ψ——集中荷载增大系数：对重级工作制吊车梁，$\psi=1.35$；对其他梁 $\psi=1.0$；

　　　l_z——集中荷载在腹板计算高度上边缘的假定分布长度（图7-5），可按下式计算：

$$l_z = a + 5h_y + 2h_R$$

　　a——集中荷载沿梁跨度方向的作用长度，对钢轨上的轮压可取为50mm；

　　h_y——自吊车梁顶面至腹板计算高度上边缘的距离；

　　h_R——轨道的高度。

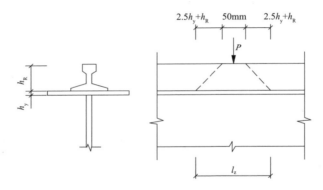

图7-5　吊车轮压分布示意图

2. 有限元法

采用有限元法对上翼缘与腹板连接焊缝进行应力分析时，一般选用实体单元，建模时应尽可能考虑焊缝处的局部构造细节，如坡口尺寸、焊趾长度、焊缝坡度等。为了简化计算，可选取相邻两加劲肋之间的梁段及轨道建立模型，在两加劲肋之间的轨道上50mm长度范围内施加局部荷载（合力等于集中荷载即轮压）。

模型建立和计算比较特别的是如何模拟轨道与上翼缘的相互作用，由于轨道与上翼缘之间有压轨器固定，只是限制其相对位置，对其两者之间的协同变形约束不大，同时轨道和吊车梁之间原则上只受压力不受拉力，为此对轨道和吊车梁上翼缘之间采用了接触单元，以此模拟轨道与上翼缘之间的实际接触状态。由此带来的问题是在整个计算过程中每次应力循环都需要判断轨道与上翼缘之间的接触关系，并做出

适当的单元调整，计算时间和所耗费的
计算机资源较大，但结果比较理想，有
限元计算模型如图 7-6 所示。

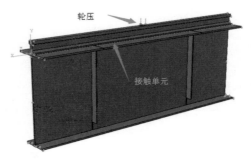

图7-6　有限元计算模型

在这里，仍旧采用 7.2.1 节中所述
吊车梁作为分析对象，分析其上翼缘与
腹板连接处的应力。构件材料的弹性模
量取为 $2.06 \times 10^5 \, \text{N/mm}^2$，泊松比取为
0.3，集中荷载作用的跨中荷载值为最
大轮压 602.7kN，计算时分别考虑两种工况：无轨道偏心、轨道偏心为 12mm。分
别采用名义应力法、有限元法计算，计算结果如表 7-3 所示。

吊车梁腹板与上翼缘连接处应力计算结果　　　　　　　　　　　表 7-3

项目	无轨道偏心		轨道偏心12mm	
	正应力（MPa）	剪应力（MPa）	正应力（MPa）	剪应力（MPa）
名义应力法	−104.6	17.2	—	—
有限元法	−136	34.5	−191 −78	37 34

这里值得注意的是：①名义应力法无法考虑轨道偏心对应力分布的影响，且
名义应力计算所得的应力值均小于有限元计算结果，尤其是剪应力相差最大，这
主要是因为名义应力法没有考虑局部轮压引起的剪应力（局部轮压作用下局部
变形引起的上翼缘与腹板之间的剪应力）；②轨道偏心会引起偏心侧压应力增大，
相应的另一侧压应力减小，甚至受拉。

7.2.3　基于剪应力和正应力的疲劳评估

尽管实际工程中重级工作制吊车梁上翼缘与腹板连接处经常出现疲劳开裂，
但由于问题复杂且该处在理论上不出现拉应力，《钢结构设计规范》GB 50017—
2003 不要求验算其疲劳强度，也没有给出疲劳强度验算方法。德国标准——《起
重机走道钢结构计算、设计与制造原则》DIN 4132—1981 和《起重机钢结构验
证与分析》DIN 15018—1—1984 给出了评定该处疲劳强度的容许应力法。

1. 德国标准 DIN 4132—1981 及 DIN 15018—1—1984 的相关规定

按连接处焊缝或铆钉、螺栓的连接形式、应力集中程度及应力幅循环次数的
不同，《起重机走道钢结构计算、设计与制造原则》DIN 4132—1981 给出了相应

的评定方法。

（1）正应力与剪应力计算

对于实腹式吊车梁，DIN 15018—1—1984 的第 4.12 节给出了轮压引起的吊车梁上翼缘与腹板连接处正应力与剪应力的计算方法：

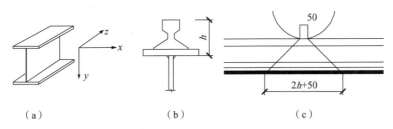

（a）　　　　　　　（b）　　　　　　　（c）

图7-7　上翼缘与腹板连接应力计算示意图

焊缝因轮压引起的局部正应力按图 7-7 计算，其作用面长度为 $2h+50$，h 按图 7-7（b）所示取值。假定吊车车轮与钢轨的接触面长度为 50mm，如图 7-7（c）所示。若用 $\overline{\sigma}_y$ 表示连接处 y 轴方向的正应力，则：

$$\overline{\sigma}_y = \frac{p_{max}}{(b'+t)\cdot(2h+50)} \tag{7-4}$$

式中：b'——焊缝宽度的 2 倍；

　　　t——腹板厚度；

　　P_{max}——最大轮压。

在实际工程中连接处的剪应力 $\overline{\tau}_y$ 可按如下公式近似取值

$$\overline{\tau}_{yz}=0.2\overline{\sigma}_y \tag{7-5}$$

（2）容许应力

轮压引起的吊车梁上翼缘与腹板连接处的容许应力根据应力比、钢材型号、应力集中程度、应力幅循环次数以及焊缝连接类型等指标确定。

①应力比规定如下：

$$x_\sigma = \frac{\sigma_u}{\max\sigma_o} \tag{7-6}$$

$$x_\tau = \frac{\tau_u}{\max\tau_o} \tag{7-7}$$

式中：x_σ、x_τ——正应力应力比、剪应力应力比；

　　　σ_u、τ_u——轮压作用下的局部正应力、局部剪应力，分别按式（7-4）和式

（7-5）计算或采用有限元计算结果；

$\max\sigma_o$、$\max\tau_o$——各种荷载组合中使连接处产生的最大正应力和剪应力。

②德国标准 DIN 15018—1—1984 中的 St37 钢材基本对应于我国的 Q235 钢材、St52 钢材基本对应于 Q345 钢材。

③根据焊缝对连接处强度的影响大小，将其分为 K0、K1、K2、K3、K4 五类，就钢轨作用的吊车梁上翼缘而言，其可分为图 7-8 中的 K0、K1、K3、K4。

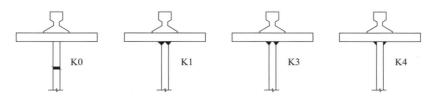

图7-8　上翼缘与腹板连接类型分类

《起重机钢结构验证和分析》DIN 15018—1—1984 按应力集中程度及应力循环次数将荷载分组，如表 7-4 所示。

荷载分组　　　　　　　　　　　　　　　　表 7-4

应力循环次数范围	N1	N2	N3	N4
应力循环总数	$2\times10^4 \sim 2\times10^5$	$2\times10^5 \sim 6\times10^5$	$6\times10^5 \sim 2\times10^6$	$\geqslant 2\times10^6$
应力集中程度	荷载类别			
S0	B1	B2	B3	B4
S1	B2	B3	B4	B5
S2	B3	B4	B5	B6
S3	B4	B5	B6	B6

根据上述内容可以计算出吊车梁疲劳强度的各种指标，根据这些指标查 DIN 4132—1981 中表 7～表 18 就可得到上翼缘与腹板连接处满足其疲劳性能的容许正应力值和容许剪应力值。

2. 基于剪应力和正应力的疲劳评估

参照德国标准《起重机走道钢结构计算、设计与制造原则》DIN 4132—1981 及《起重机钢结构验证和分析》DIN 15018—1—1984 对上翼缘与腹板连接处的剪应力与正应力验算疲劳强度时，轮压产生的局部剪应力、正应力宜采用有限元法计算得到。若计算时模型取自跨中，轮压产生的局部剪应力应为有限元计算值减去名义应力法计算值，在计算应力幅时，该局部剪应力应考虑正反两个方向。

实际工程中，剪应力最大值往往出现在吊车梁两端上翼缘与腹板连接处，尽管如此，采用跨中进行有限元模拟计算得到的局部剪应力值仍旧适用于梁端（除加劲肋附近），只是在计算剪应力幅时，应在局部剪应力幅的基础上加上梁端剪力引起的剪应力。

仍旧采用 7.2.1 节中所述吊车梁作为分析对象，考虑一台吊车作用在该梁上的工况，且无轨道偏心。吊车一侧有四个车轮，车轮之间间距为 1.0+6.5+1.0m。分析梁端截面 A（无加劲肋处，如图 7-9）上翼缘与腹板连接处的疲劳强度。

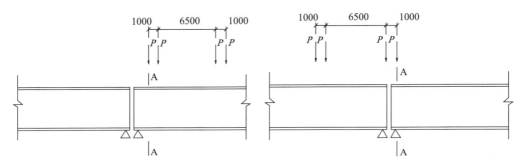

图7-9　剪力最大时的荷载工况　　　　　图7-10　剪力最小时的荷载工况

由图 7-9 和图 7-10 计算可得：F_{max}=1272.37kN、F_{min}=-602.7kN。剪力引起的剪应力 τ_{max} 为 72.76MPa，τ_{min} 为 0MPa。局部应力 τ_{loc} 为 -17.3MPa，σ_{loc} 为 -136MPa。剪应力幅 $\Delta\tau$ 为 107.37MPa，正应力幅 $\Delta\sigma$ 为 136MPa。应力比 x_{σ} 为 1，x_{τ} 为 -0.3。

该梁荷载类型为 B6，焊接类型选 K3，钢材类型取 St52，疲劳强度应根据应力比按 DIN 4132—1981 中表 18 取值（表 7-5）。

DIN 4132—1981 中的表 18（钢材：ST52；荷载类别：B6）　　　　表 7-5

应力比	容许正应力（MPa）								容许剪应力（MPa）	
	K1		K2		K3		K4			
x_{σ}、x_{τ}	拉	压	拉	压	拉	压	拉	压	构件	焊缝
-1.0	75.0	75.0	63.0	63.0	45.0	45.0	27.0	27.0	76.2	59.4
-0.9	78.1	78.9	65.6	66.3	46.9	47.4	28.1	28.4	79.4	61.9
-0.8	81.5	83.3	68.5	70.0	48.9	50.0	29.3	30.0	82.8	64.6
-0.7	85.2	88.2	71.6	74.1	51.1	52.9	30.7	31.8	86.5	67.5
-0.6	89.3	93.8	75.0	78.8	53.6	56.3	32.1	33.8	90.8	70.7

续表

应力比	容许正应力（MPa）								容许剪应力（MPa）	
	K1		K2		K3		K4			
x_σ、x_τ	拉	压	拉	压	拉	压	拉	压	构件	焊缝
−0.5	93.8	100.0	78.8	84.0	56.3	60.0	33.8	36.0	95.3	74.2
−0.4	98.7	107.1	82.9	90.0	59.2	64.3	35.5	38.6	100.3	78.1
−0.3	104.2	115.4	87.5	96.9	62.5	69.2	37.5	41.5	105.9	82.5
−0.2	110.3	125.0	92.6	105.0	66.2	75.0	39.7	45.0	112.1	87.3
−0.1	117.2	136.4	98.4	114.5	70.3	81.8	42.2	49.1	119.1	92.8
0.0	125.0	150.0	105.0	126.0	75.0	90.0	45.0	54.0	127.0	99.0
0.1	134.1	160.9	113.3	136.0	81.6	97.9	49.4	59.3	132.8	105.8
0.2	144.7	173.6	123.0	147.6	89.4	107.3	54.7	65.5	139.1	113.6
0.3	157.0	188.4	134.5	161.4	99.0	118.8	61.3	73.6	146.1	122.5
0.4	171.7	206.0	148.4	178.1	110.8	133.0	69.6	83.5	153.9	133.1
0.5	189.3	227.2	165.5	98.6	125.8	151.0	80.7	96.8	162.4	145.7
0.6	211.0	253.2	187.0	224.4	145.5	174.6	95.9	115.1	172.0	160.9
0.7	238.4	286.1	215.0	258.0	172.6	207.1	116.2	141.8	182.8	179.6
0.8	273.9	328.7	252.8	303.4	212.0	254.4	153.9	184.7	195.0	203.2
0.9	321.8	366.2	306.7	368.0	274.6	329.5	220.8	265.0	209.0	234.0
1.0	390.0	360.0	390.0	360.0	390.0	468.0	390.0	468.0	207.8	275.8

　　查表可得，容许剪应力值为 82.5MPa，小于剪应力幅 107.37MPa；容许压应力为 468MPa，大于局部压应力幅 136MPa，可见该梁上翼缘与腹板连接处的疲劳强度由剪应力控制。

　　我国《钢结构设计规范》GB 50017—2003 及德国 DIN 4132—1981、DIN 15018—1—1984 均未给出轨道偏心时局部正应力的计算方法，虽然通常可以通过有限元法得到，但是给出简化的计算公式也是很有必要的。计算简图如图 7-11 所示。

　　根据受力平衡，求出弯矩 M，再假定上翼缘固定不动，则简化为悬臂梁的悬臂端，按材料力学基

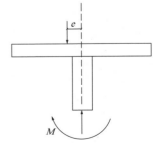

图7-11　轨道偏心时计算简图

本公式计算出腹板两侧由于弯矩 M 引起的正应力，计算时计算长度取为 l_z，然后，根据叠加原理与无轨道偏心时的局部正应力叠加即可。

7.2.4　疲劳加固研究

由于上翼缘与腹板连接处主要承受压应力、剪应力，该处裂缝多为剪切型裂缝，相比张拉型裂缝，其扩展速度要低很多，再加上该处局部压应力引起的裂缝闭合效应，使其裂缝扩展速率更低。因此通常情况下，上翼缘附近的疲劳裂缝不会导致吊车梁整体脆性断裂，一般都能及时得到处理。

根据实腹式吊车梁上翼缘附近损伤破坏的程度，常用的加固方案可分成如下几类：

①出现轻微裂缝，一般采用在裂缝尖端钻孔的方式处理，阻止裂缝继续扩展，或者采用堵焊等其他修复裂缝的方法；

②对于上翼缘与腹板连接焊缝出现裂缝的情况，可采用增加连接构件的加固方法，如增加角钢或增设斜板，如图 7-12（a）所示；

③对于已发展成为贯穿裂缝、影响结构承载力的情况，应分析其破坏原因，一般可选用图 7-12（b）~（f）中的加固方案；

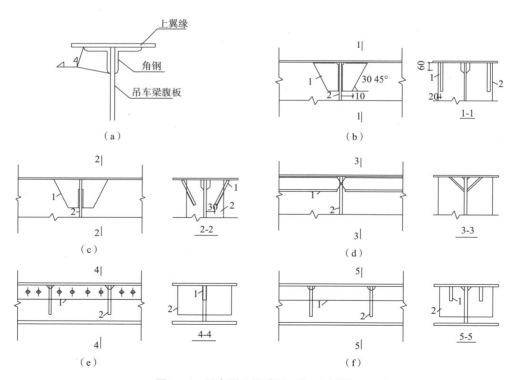

图7-12　吊车梁上翼缘附近加固方案图

④对于开裂特别严重（裂缝已扩展到腹板）的吊车梁，应考虑更换整个吊车梁系统。

仍旧采用 7.2.1 节中所述吊车梁作为分析对象，假定该梁上翼缘与腹板连接焊缝尚未出现表观裂缝，不考虑轨道偏心作用，分析 V 板加固效果。

加固方案和计算模型如图 7-13 所示，在上翼缘与腹板连接处增加两块斜板，V 板板厚与腹板相同，形成局部封闭 V 形截面，提高该部位的抗扭能力和稳定性。

计算结果如表 7-6 所示。

图7-13　有限元计算模型

	加固前后应力对比	表 7-6
有限元法计算值	正应力	剪应力
加固前（MPa）	−136	34.5
加固后（MPa）	−110	24.0
降低	19%	43.7%

注：比值为加固前应力与加后应力之差除以加固前应力。

加固后剪应力幅减小为 49.3MPa（整体剪应力和局部剪应力之和），小于德国标准 DIN 4132—1981、DIN 15018—1—1984 给出容许剪应力值 82.5MPa，可见该加固方案能够有效避免剪应力引起的疲劳问题。

7.3　箱形钢吊车梁上翼缘附近疲劳性能分析与加固研究

由于工字型截面吊车梁在重型工业厂房中使用一段时间后，上翼缘与腹板连接焊缝处较易出现疲劳裂缝，因此国内外建议将该类吊车梁设计成焊接双腹板的箱形吊车梁，认为箱形吊车梁在竖向荷载和水平荷载作用下都有很好的受力性能，而且在扭矩作用下也能很好地工作。随着箱形吊车梁使用范围的扩大、使用年限的增长，发现箱形吊车梁上翼缘也存在"颈部效应"。

7.3.1　"颈部效应"成因分析

关于"颈部效应"的成因没有形成统一的结论，主流的观点包括偏心扭矩作用、剪应力作用、焊接残余应力作用等。在之前的"颈部效应"研究中，基本上均采用工字型截面梁做为研究对象，相比之下，工字型截面梁的抗扭性能较差，而箱形梁的抗扭能力很强，由此轨道偏心引起的局部扭矩作用是微不足道的。

剪应力作用观点认为，在滚动吊车车轮作用下，吊车梁颈部焊缝及其附近腹板中的剪应力不断变化，导致吊车梁上部区域产生疲劳裂缝。该类观点又分为两类，其一是整体及局部挤压剪应力作用，当吊车车轮在吊车梁上往返运行时，颈部截面的剪应力 τ_{xy} 的大小和符号都有所改变，如图 7-14 所示，在这种循环变号剪应力作用下，颈部区域产生纵向疲劳裂缝。А. В. Патрикеев 分析了 43 种不同截面形式的 1172 根焊接吊车梁腹板的疲劳性能与计算剪应力 τ^K（计算剪应力 τ^K 为整体剪应力与局部剪应力之和）之间的关系，指出 τ^K 不仅能确定是否产生裂缝，而且还能确定破坏特征，德国《起重机走道钢结构计算、设计与制造原则》DIN 4132—1981 就是基于该理论给出了容许剪应力评估法；其二是最大主剪应力作用，该理论考虑车轮偏心滚动的影响，使分析时应力状态十分复杂，应力分量难以确定，致使该理论尚未得到有力的试验论证。

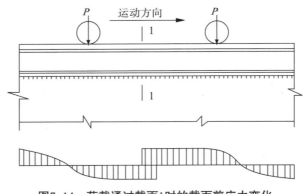

图7-14　荷载通过截面1时的截面剪应力变化

焊接残余应力作用观点认为，焊接吊车梁腹板与上翼缘连接处存在残余拉应力，由于吊车轮压的往返作用，使此残余拉应力值有所改变，从而导致了焊缝的焊趾处产生纵向疲劳裂缝。

某重型工业厂房箱形钢吊车梁跨度分别为 24m 和 26m。上翼缘板宽 3400mm，厚 25mm；下翼缘板宽 3120mm，厚 25mm。梁横截面高 2300mm，腹板厚为 12mm。梁端支座约束可视为两边简支，上翼缘与腹板连接焊缝均为 T 形焊缝。该跨作用有 Q=30t 的双磁盘吊车（重级工作制）两台，其最大轮压为 Pmax=580kN，吊车一侧配有两个车轮，车轮间距为 5.4m。该厂房在使用 15 年后，上翼缘与腹板连接焊缝普遍开裂，共发现 19 根梁出现"颈部效应"，其单根裂缝最长达 1130mm。分析认为疲劳开裂是偏心扭矩导致，后对轨道偏心进行了校正，并补焊横向加劲肋、纵向加劲肋进行加固，如图 7-15（b）所示，加固使用 3 年后，补焊处再次开裂。

图 7-15 中（b）、（c）疲劳裂缝属于支点裂缝，该类裂缝一般在横向加劲肋与上翼缘的连接焊缝处开裂，并且在多数情况下裂缝先出现于内侧，向外延伸，当横向加劲肋与上翼缘的连接焊缝全部裂通后，在加劲肋内上角处、腹板与上翼缘的连接焊缝下边缘开裂，然后裂缝逐渐向横向加劲肋的两侧水平向发展，严重时可与邻近的裂缝贯通。图 7-15（d）属于肋间裂缝，该类裂缝首先在两横向加劲肋中间区域开裂，然后裂缝逐渐向两侧水平向发展，至横向加劲肋附近发展速度减慢。在多数情况下，待横向加劲肋与上翼缘的连接焊缝开裂后，上述裂缝将继续发展直至与相邻裂缝贯通；少数情况下，横向加劲肋与上翼缘、腹板与上翼缘的连接焊缝同时开裂，腹板与上翼缘连接焊缝与相邻裂缝贯通。

（a）加固后

（b）加固后再次开裂

（c）加固后再次开裂

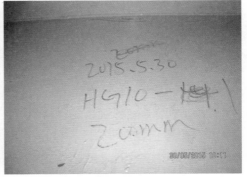
（d）加固后再次开裂

图7-15　箱形吊车梁上翼缘与腹板连接焊缝处开裂

7.3.2　应力测试

现选取第 7.3.1 节所述同一厂房内使用频度较低，尚未开裂的同一型号箱形吊车梁进行测试，测点布置在梁端第一个横向加劲肋，测试结果如图 7-16 所示。

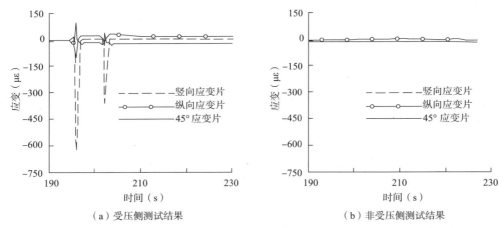

（a）受压侧测试结果　　　　　　　（b）非受压侧测试结果

图7-16　应变测试结果

测试结果表明，车轮经过前后，受压侧局部应力变化很大，最大局部压应力为 129MPa，梁长方向水平压应力为 15MPa，最大剪应力为 42MPa，车轮经过前后剪应力方向改变，此外局部最大竖向压应力与梁长方向局部最大压应力同时出现在车轮作用在测点正上方，而最大局部剪应力出现在车轮经过测点正上方的前（后）某一位置。非受压侧几乎不受影响。

动态测试在正常生产状况下进行（箱形梁单侧生产），测点位于跨中下翼缘，用动态应变仪进行连续测量，测量时间不少于 8 小时，用数据自动采集仪连续记录。测试结果（选取 2 小时测试段）如图 7-17 所示。

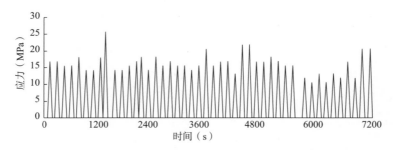

图7-17　跨中下翼缘应力动态测试结果

根据跨中应力测试结果,推算图 7-17 所示测点的(受压侧)竖向应力荷载谱,如图 7-18 所示。

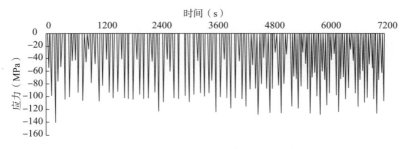

图7-18　梁端受压侧竖向应力荷载谱

8 小时内测试统计结果如表 7-7。

吊车梁动态应力测试结果　　　　　　　　　　　　　　　　　　表 7-7

项目	测试时间应力循环次数（次）	推算50年应力循环次数（次）	欠载效应等效系数α_1	相对2×10^6次的欠载效应等效系数α_f
跨中测点应力	88	4.847×10^6	0.67	0.9
梁端受压侧竖向测点应力	161	8.78×10^6	0.71	1.16

根据《钢结构设计规范》GB 50017—2003,炼钢厂房的重级工作制软钩吊车欠载效应等效系数应为 0.8,实测结果大于规范值。

7.3.3　数值模拟分析

根据实测测点最不利荷载工况建立有限元模型,钢轨与箱形吊车梁之间传力采用接触单元模拟(只传递压应力),如图 7-19(a)所示。沿实际裂缝发展途

（a）有限元模型

（b）应力路径定义

图7-19　有限元模型

径定义应力路径，如图 7-19（b）所示，给出该路径上的应力分布曲线，计算结果如图 7-20 所示。

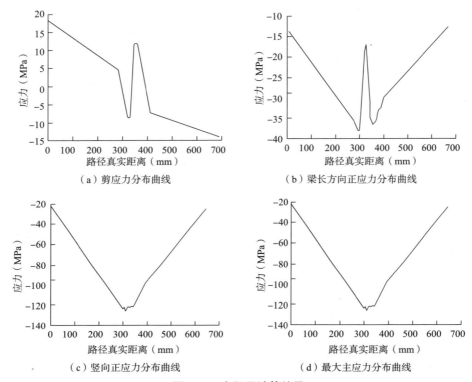

（a）剪应力分布曲线　　　　　　　　（b）梁长方向正应力分布曲线

（c）竖向正应力分布曲线　　　　　　（d）最大主应力分布曲线

图7-20　有限元计算结果

计算值与实测值对比结果，如表 7-8 所示。

计算结果与实测结果对比　　　　　　　　　　　　　　表 7-8

竖向应变片（受压侧）		剪应力（受压侧）		水平方向应变片（受压侧）	
实测值（MPa）	−129	实测值（MPa）	36	实测值（MPa）	−15
有限元（MPa）	−120	有限元（MPa）	42	有限元（MPa）	−16
实测值/有限元	1.07	实测值/有限元	0.85	实测值/有限元	0.93

计算结果与实测结果基本吻合，剪应力计算值偏小的原因是局部梁端模型断面约束使其扭矩产生剪应力有所降低。

7.3.4 机理分析及加固研究

1. 支点裂缝

箱形梁抗扭刚度大，上翼缘对腹板平面外变形的约束强，轨道偏心导致的偏心扭矩作用可以忽略不计。

如 7.3.1 节所述，工字型钢吊车梁支点裂缝一般首先出现在加劲肋与上翼缘的连接焊缝处，然而该厂房中

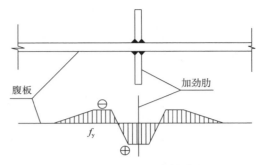

图7-21　腹板与加劲肋焊缝残余应力

箱形梁的支点裂缝普遍出现在横向加劲肋与腹板连接焊缝上内角处，如图 7-15（b）、（c）所示。横向加劲肋与腹板的连接焊缝使腹板上产生垂向残余拉应力（垂直于上翼缘方向），如图 7-21 所示，残余拉应力大小一般可达到材料的屈服强度 f_y。由于局部轮压的作用，该连接焊缝上产生 $\Delta\sigma_b$ 的拉应力幅，$\Delta\sigma_b$ 大小等于局部轮压作用引起的局部压应力。该种焊缝连接形式可归结于《钢结构设计规范》GB 50017—2003 第 7 类疲劳 S-N 曲线。依据实测结果可知该处 $\Delta\sigma_b$ 为 129MPa，欠载效应系数 α_1 为 0.71，等效应力幅为 91.59MPa，相应的疲劳寿命为 0.846×10^6 次，远远低于该厂房正常生产下 15 年产生的 2.634×10^6 次应力循环（按实际产量推算）。

实质上，该处焊缝开裂后，残余应力迅速得到释放，致使该处的疲劳裂缝扩展不再符合张拉型疲劳裂缝，裂缝扩展速率变得缓慢。裂缝扩展一定长度后，其扩展机理类似于肋间裂缝。

2. 肋间裂缝

通过有限元分析可知，该处由于局部轮压引起的应力可分解为竖向压应力 σ_b、水平方向的正应力（梁长方向）σ_a、水平方向局部剪应力 τ_{loc}。由于腹板上不存在横向焊缝，上翼缘与腹板连接焊缝的垂向约束可以忽略，故焊接引起的垂向残余拉应力可以忽略不计。箱形梁相比工字型梁的扭转刚度要大得多，轨道偏心引起的偏心扭矩作用也可以忽略不计，因此控制该处疲劳裂缝的因素仅剩下剪应力作用。

针对"颈部效应"剪应力作用的研究成果，仅有德国标准《起重机走道钢结构计算、设计与制造原则》DIN 4132—1981 及《起重机钢结构验证和分析》DIN 15018—1—1984 给出了容许应力法，参照其相关规定，考虑实际最不利荷载工况，计算最大正应力幅、最大剪应力幅，结果如表 7-9 所示。最大剪应力幅值远大于 DIN 4132—1981 规定容许值，说明剪应力是引起"颈部效应"的主要原因。

容许应力法评定结果　　　　　　　　　　　　　　　　表 7-9

项目	最大剪应力幅	最大正应力幅
计算值（MPa）	108.14	−129
DIN 4132—1981容许值（MPa）	83.4	−163

注：剪应力幅值计算说明：吊车梁上作用一个车轮荷载，该轮引起的非局部轮压导致的剪应力（基于材料力学基本理论计算）为14.8MPa，测点处有限元计算剪应力为42MPa，得局部轮压引起的剪应力为27.2MPa，这与德国标准规定由局部轮压引起的剪应力大小为0.2倍的竖向应力，即为$0.2 \times \sigma_b = 0.2 \times 129 = 25.8$MPa基本相符。若作用在吊车梁上有两个车轮（作用点为两侧的测点）则单侧最大剪应力幅为108.14MPa。

3. 加固方法

工程实践证明采用补焊加密横向加劲肋的方法进行加固并不能有效地降低剪应力幅，也不能有效防止上翼缘与腹板连接焊缝的疲劳开裂和扩展，甚至由于引起过多的竖向焊接残余拉应力，加速了疲劳裂缝的产生。

依据箱形梁"颈部效应"机理分析，要提高该类构件的疲劳寿命，必须降低上翼缘与腹板连接区域的剪应力，且避免引起竖向残余拉应力。因此，相比采用补焊加密横向加劲肋的方法进行加固，采用 V 板加固方法更为合理，如图 7-22（a）所示，该种加固方式不仅能有效增加抗剪截面，降低剪应力，而且避免了引起竖向焊接残余拉应力。

考虑到实际工程中该梁已经进行了补焊加密横向加劲肋加固，若再采用 V 板加固，难免要将之前的加劲肋拆除，实施困难。这里提出了另一种可行的加固方法——加垫梁加固，其加固模型如图 7-22（b）所示，这种加固方式实质上延长了集中力的分布长度，增大了局部轮压作用在上翼缘的分布面积，从而有效地降低了各个应力分量的大小。

两种加固方案加固后验算结果与加固前对比，如表 7-10 所示。

（a）V板加固　　　　　　　　　　　　（b）加垫梁加固

图7-22　加固方案

加固前与加固后应力值对比　　　　　表 7-10

项目	V板加固			加垫梁加固		
	梁长方向正应力	竖直方向正应力	剪应力	梁长方向正应力	竖直方向正应力	剪应力
加固前（MPa）	−16	−120	−42	−16	−120	−42
加固后（MPa）	−10	−52	−16	−8.1	−51	−28
加固后/加固前	0.63	0.43	0.38	0.5	0.43	0.66

　　对比结果表明，V 板加固方式加固效果较好，能有效降低剪应力。通过加垫梁也可以有效降低上翼缘与腹板连接焊缝处复杂应力的应力值，但相比之下，没有 V 板加固效果好。

165

第8章 变截面钢吊车梁端部疲劳性能研究

8.1 概述

对于运行重载吊车的厂房，钢吊车梁截面高度一般在 2000mm 以上，设计人员在设计吊车梁时经常在吊车梁端部利用其承受剪力大、弯矩小的特性改变吊车梁的截面，以适应不同跨度吊车梁梁高的变化，主要做法是将其端部设计为变截面。在我国，变截面钢吊车梁的形式主要有三类（如图 8-1 所示）：梯形过渡式、圆弧过渡式和直角突变式。这三种截面形式在我国的工程实践中应用广泛，近年来圆弧过渡式和直角突变式应用较多。

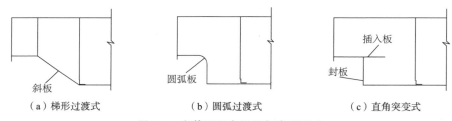

（a）梯形过渡式　　　　　（b）圆弧过渡式　　　　　（c）直角突变式

图8-1　变截面吊车梁端部常见形式

1. 梯形过渡式

由于在工程实际应用中，梯形过渡式变截面吊车梁端部的疲劳破坏现象很少出现，所以相应的研究、实验、文献很少，但此类吊车梁斜板与水平角度不宜过大，使该类吊车梁端部截面高度变化有限，限制了使用的范围，目前新建工程中已较少采用。

2. 圆弧过渡式

我国最早在宝钢工程中开始应用圆弧过渡式钢吊车梁，经过 10 余年的使用，吊车梁圆弧端头疲劳开裂现象陆续出现。

吊车梁圆弧端裂缝基本出现在腹板与圆弧板的连接焊缝附近，可分为两种型式：一种是裂缝顺圆弧发展，另一种是裂缝扩展至腹板并向斜上方发展。后续研究表明，吊车梁圆弧端开裂与吊车梁的跨度以及端头几何形式有关，吊车梁跨度越大，其圆弧端开裂的比例越大；吊车梁圆弧端开裂还与吊车的运行频度和轮压有关，吊车运行越频繁，吊车轮压越大，吊车梁圆弧端开裂的比例越大。

3. 直角突变式

直角突变式吊车梁也是一种广泛应用的变截面钢吊车梁，制作工艺较为简便。在过去数十年的使用中，该类构件在绝大部分工业厂房中体现出优越的服役性能，然而在重级工作制吊车运行的厂房中逐渐暴露出疲劳问题。

直角突变式钢吊车梁主要存在三种截面形式（无封板、直封板、弯曲封板）。最早出现的是无封板的直角突变式钢吊车梁，在20世纪70年代武汉某钢厂一米七轧机工程中采用，截面形式如图8-2（a）所示。该类端头应力集中部位很明显，存在严重的疲劳缺陷，通常应用不久便出现明显的疲劳裂缝，其破坏形式是插入板端部开裂并向腹板内扩展，直至腹板整体撕裂，吊车梁断裂破坏如图8-3（a）所示。

20世纪90年代，出现了带直封板的直角突变式吊车梁，截面形式如图8-2（b）所示，在一些工程如重钢炼钢车间得到应用，经过近20年的使用也出现了疲劳开裂、破坏，其工程破坏如图8-3（b）、（c）所示。

90年代后期，自圆弧端吊车梁出现疲劳破坏后，圆弧端的替代方案也是直角突变式吊车梁，但形式有所改变，直封板被设计成弯曲封板，截面形式如图8-2（c）所示，当时认为这种带弯曲封板的变截面吊车梁的疲劳性能优于直封板直角突变式钢吊车梁，但后期实践表明，这种形式的吊车梁在工程应用了14年后，也出现了疲劳破坏，其破坏形式如图8-3（d）所示。

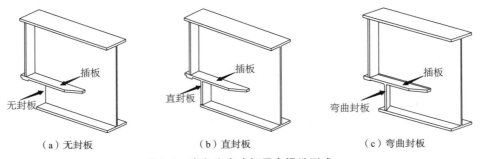

（a）无封板　　　　　　　（b）直封板　　　　　　　（c）弯曲封板

图8-2　直角突变式钢吊车梁端形式

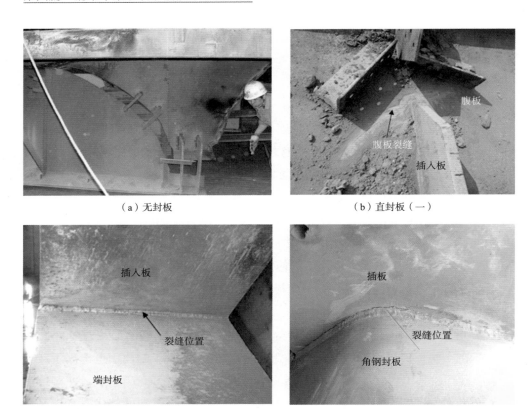

（a）无封板　　　　　　　　　　　　　　　（b）直封板（一）

（c）直封板（二）　　　　　　　　　　　　　（d）弯曲封板

图8-3　直角突变式吊车梁端破坏形式

8.2　圆弧过渡式钢吊车梁端部疲劳性能研究

8.2.1　计算与测试分析

1. 有限元计算

以上海某钢厂一炼钢圆弧过渡式钢吊车梁为研究对象，从整体吊车梁中隔离出端头部分建立计算模型如图 8-4 所示，尺寸按实际吊车梁取值（见图 8-6）。计算模型的边界条件是将隔离端头切割线上的节点全部固定，相当于一个悬臂短梁；在支承加劲肋下方的节点上施加向上的集中力，集中力的总和等于不考虑动力系数的一台 430/80t 吊车作用下的最大支座反力，为 5132kN。材料的弹性模量取 $E=2.06 \times 10^5 N/mm^2$，泊桑比取 0.3，不考虑材料的自重。

计算得到的最大主应力方向和最大主应力分布规律分别如图 8-4 和图 8-5。从图中可以看出，最大主应力的方向基本上是沿 45° 斜线方向，在端头圆弧区域的腹板与圆弧板交接处应力最高，应力集中比较严重，是出现疲劳裂缝的潜在位置，这在一定程度上解释了吊车梁圆弧端出现裂缝的原因。

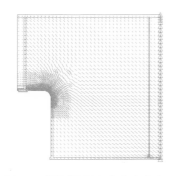
图8-4　圆弧端最大主应力方向

图8-5　圆弧端最大主应力分布

计算得到的圆弧处最大主应力和端部腹板平均剪应力值示于表 8-1。

圆弧处最大主应力和端部腹板平均剪应力计算值　　　　表 8-1

端部截面高度 （mm）	梁截面高度 （mm）	圆弧半径 （mm）	支座反力 （kN）	剪应力τ （MPa）	主应力σ_1 （MPa）	σ_1/τ
2000	3800	200	5132	64.2	210	3.27

2. 计算结果与实测结果的比较

应力实测是针对 28m 跨度的吊车梁进行的，利用电阻应变测量得到吊车荷载作用下圆弧端区域的应力，测点布置如图 8-6 所示。测量时吊车荷载分为无吊重和吊空罐两种，小车距吊车梁约 6m，此时吊车实际轮压分别为 209kN 和 247kN，而该跨 430/80t 吊车的最大轮压为 470kN，因此，吊车梁圆弧端可能出现的最大应力值应为实测应力值的 2.249 倍和 1.903 倍。

圆弧处实测最大主应力与该测点处用有限元计算得到的最大主应力示于表8-2。吊车梁圆弧端应力分布的有限元计算结果与实测结果的比较如图 8-7、图 8-8 和图 8-9 所示。可以看出，腹板两侧的实测应力有较大的差别，说明腹板受到平面外弯曲作用，但腹板两侧实测应力的平均值与计算应力值符合较好，说明所采用的有限元计算模型是合理的，计算结果可以反映吊车梁圆弧端的实际受力情况。表 8-2 中最大轮压作用下的最大主应力值比表 8-1 中 28m 跨吊车梁圆弧端最大主应力计算值要低，原因在于二者所处位置不同，表 8-1 中的最大主应力是圆弧端上数值最高的，而表 8-2 中给出的仅是某个测点处的最大主应力，由于实际吊

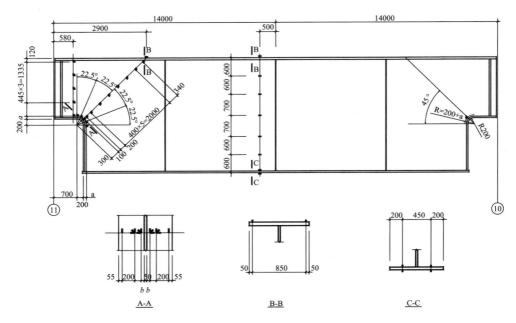

说明：1. 所有测点在腹板两侧对称布置，共有应变花42片，应变片20片；
　　　2. 图中尺寸a=圆弧翼缘厚度+焊缝高度+5mm，尺寸b=焊缝高度+5mm。

图8-6　吊车梁尺寸及测点布置图

车梁圆弧端焊缝高度的影响，实际布置测点离最大主应力点处有一定距离，两点的应力差值约为 1.39 倍。

圆弧处最大主应力比较　　　　　　　　　　　　表 8-2

轮压（kN）	位置		实测值（MPa）	平均值（MPa）	计算值（MPa）	实测值/计算值
209	端头一	外侧	78.6	58.3	67.3	1.17
		内侧	37.9			0.56
	端头二	外侧	67.1	65.6		1.00
		内侧	64.1			0.95
247	端头一	外侧	90.9	67.8	79.8	1.14
		内侧	44.8			0.56
	端头二	外侧	81.1	77.3		1.02
		内侧	73.5			0.92
470（按设计最大轮压推算）	端头一	外侧	175	130	151	1.16
		内侧	85.2			0.56
	端头二	外侧	153	148		1.01
		内侧	142			0.94

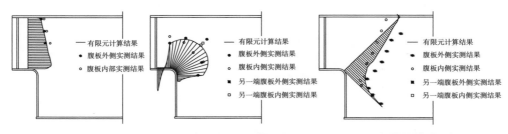

图8-7 剪应力计算与实
测结果比较

图8-8 垂直圆弧翼板正应力计
算与实测结果比较

图8-9 45°斜截面上正应力计算
与实测结果比较

3. 疲劳强度简化计算公式

圆弧端最大主应力 σ_1 的简算公式为：

$$\sigma_1 = \sigma_w \cdot SCF \tag{8-1}$$

式中：σ_w——圆弧处 45° 斜截面上的弯曲应力，其计算模型如图 8-10 所示，支座反力 F 和外荷载 P 向不包括下翼缘的 T 形截面 O 点取矩得到斜截面上的弯矩值，然后由材料力学方法计算得到 σ_w（抵抗截面不包括下翼缘面积）。

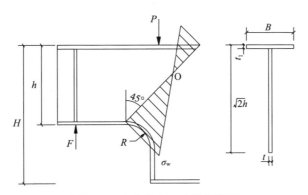

图8-10 弯曲应力 σ_w 的计算模型

SCF——与圆弧端几何形式有关的应力集中系数，按式（8-2）计算；

$$SCF = A \cdot (h/R)^B \cdot (H/h)^C \tag{8-2}$$

式中：h——吊车梁圆弧端端头高度；

H——吊车梁梁高；

R——圆弧半径；

A、B、C——待定系数，可通过有限元计算结果分析及线性回归得到，经验证，式（8-1）计算应力与有限元计算结果相差不超过 4%，简算公式精度能满足要求，可用于计算各吊车梁圆弧端的最大主应力。

8.2.2　试验研究

1. 模型试件的制作

以 28m 和 20m 跨吊车梁为原型，按 1/5 的比例制作缩尺模型，编号分别为 L28 和 L20。试件的制作加工图如图 8-11 所示，试件材料采用 Q345 钢，翼缘与腹板的焊接、腹板的拼接为坡口自动焊，其余焊缝为手工焊，坡口的形式及焊缝质量等级与原吊车梁一致。

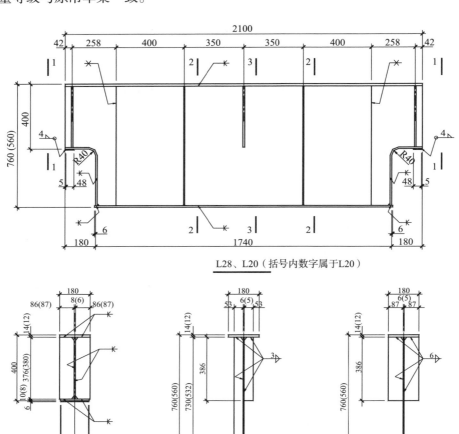

图8-11　试件制作加工图

2. 试验装置和加载方式

试验装置如图8–12所示。试件
简支在两侧台座上，一端是固定刀口
支座，一端是滚轴支座。利用瑞士
AMSLER 油压脉冲疲劳试验机的千斤
顶（最大量程为50t），通过反力架对
试件施加反复荷载，加载频率为250
次／分钟，最小荷载与最大荷载之比
为 0.1。

图8–12　疲劳试验装置

千斤顶对试件的加载位置有两种，一种是加在试件的跨中加劲肋上，东西两侧
支座反力相等，一次试验可得到两个圆弧端头的试验结果；另一种是加在试件约 1/3
跨度处的加劲肋上，采用这种方式主要是为了扩大支座反力的变化范围。

试件编号、加载吨位和支座反力等如表 8–3 所示。对于在试件约 1/3 跨度处
加载的情况，表 8–3 中仅列出了较大的支座反力，另一端支座反力很小，对疲劳
破坏不起控制作用，故未列出。

加载吨位和支座反力　　　　　　　　　　　　　　　表 8–3

试件 编号	端头 位置	加载 位置	加载吨位（t）		支座反力（kN）	
			P_{min}	P_{max}	R_{min}	R_{max}
L28–1	东 西	跨中	5.0	50	24.5 24.5	245 245
L28–2	东 西	跨中	3.5	35	17.2 17.2	172 172
L28–4	东 西	跨中	4.5	45	22.1 22.1	221 221
L28–6	东 西	跨中	3.0	30	14.7 14.7	147 147
L28–7	东	1/3跨	5.0	50	33.0	330
L20–1	东 西	跨中	5.0	50	24.5 24.5	245 245
L20–2	东	1/3跨	2.75	27.5	18.2	182
L20–4	东	1/3跨	3.5	35	23.1	231

3. 疲劳裂缝开展情况

经过疲劳试验，有 10 个模型试件的圆弧端出现了疲劳裂缝，其中有 2 个端头
在预定荷载下经过近 3×10^6 次应力循环后未出现裂缝，将荷载提高后出现疲劳裂

缝。所有模型试件圆弧端处的裂缝均是在试件圆弧板与腹板的连接焊缝处首先出现，沿圆弧焊缝开展。裂缝一端逐渐发展到腹板内，向斜上方开展；另一端逐渐发展到圆弧板内，当圆弧板截面削弱到一定程度时，会因试件净截面强度不足导致试件破坏、试验不能继续进行。通过对比分析，圆弧端模型试件裂缝的起始位置、开展情况与上海某钢厂一炼钢主厂房内吊车梁圆弧端实际裂缝情况基本一致。

试件端头裂缝的开展情况如图 8-13 所示：其中白线所描处即为裂缝；括号外的数字为循环次数，单位为万次；括号内的数字为从上次检查时循环次数到本次循环次数时的开裂长度。

（a）试件L28-1端头疲劳裂缝

（b）试件L28-2端头疲劳裂缝

（c）试件L28-4端头疲劳裂缝

（d）试件L28-5端头疲劳裂缝

（e）试件L28-6端头疲劳裂缝

（f）试件L28-8端头疲劳裂缝

图8-13　圆弧端头疲劳裂缝

4. 试验结果的统计分析

疲劳试验结果汇总于表8-4。表8-4中还列出了1988年所做的类似圆弧端头疲劳试验结果，该试验所用试件跨中截面高度 $H=720mm$，端部截面高度 $h=340mm$，一端圆弧半径 $R=50mm$，另一端 $R=100mm$。对表中所有圆弧处出现裂缝的端头疲劳试验数据进行回归分析，得到 $S-N$ 曲线如式（8-3）：

$$\lg N = 12.16 - 2.72\lg\Delta\sigma \qquad (8-3)$$

式中：N——疲劳寿命，肉眼发现裂缝时的应力循环次数；

　　　$\Delta\sigma$——圆弧处最大主应力幅。

疲劳试验结果汇总表　　　　　　　　　　　　　　　　　　表8-4

试件编号	端头位置	最大主应力幅（MPa）	疲劳寿命（×10⁴次）	附注
L28-1	东	225	67.4	圆弧处出现裂缝
	西	225	77.3	圆弧处出现裂缝
L28-2	东	158	124	圆弧处出现裂缝
	西	158	131	圆弧处出现裂缝
L28-4	东	203	>58.1	未出现裂缝
	西	203	40.5	圆弧处出现裂缝
L28-6	东	135	282	2.8×10^6次未出现裂缝，增大荷载至5/50t后经过2×10^4次出现裂缝
	西	135	>288	未出现裂缝
L28-7	东	304	18.6	圆弧处出现裂缝
L20-1	东	252	59.0	圆弧处出现裂缝
	西	252	>67	未出现裂缝
L20-2	东	186	327	3.0×10^6次未出现裂缝，增大荷载至5/50t后经2.7×10^5次出现裂缝
L20-4	东	237	70.9	圆弧处出现裂缝
1988年试验试件1	$R=50mm$ $R=100mm$	196	25.6	圆弧处出现裂缝
		155	>72.3	未出现裂缝
1988年试验试件2	$R=50mm$ $R=100mm$	163	130	圆弧处出现裂缝
		129	>183	未出现裂缝

疲劳曲线和试验结果如图 8-14 所示。图中圆形试验点为本次试验结果，方形试验点表示 1988 年的试验结果，带箭头的试验点表示还没有出现疲劳裂缝。图中还标示出了《钢结构设计规范》GB 50017—2003 第 4 类疲劳强度曲线和回归疲劳曲线 95% 置信下限。可以看出，这两条曲线符合较好，说明圆弧端头的疲劳强度可按规范第 4 类疲劳强度进行计算。

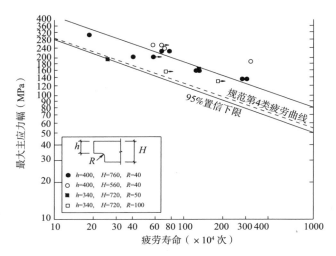

图8-14　模型试件圆弧端疲劳试验结果

8.2.3　疲劳剩余寿命评估分析

现场动测的某一炼钢原料跨、一浇注跨、二浇注跨等三根吊车梁圆弧端实际均已开裂。为了进一步验证得到的模型试件疲劳试验分析结果，结合实测数据应用式（8-3）对已开裂吊车梁圆弧端进行了疲劳寿命估算，如表 8-5 所示。

已开裂圆弧端动测结果与试验结果对比分析　　　　表 8-5

	测试时段应力循环次数 $\sum n_1^*$	欠载效应等效系数 α_1	设计最大应力幅 $\Delta\sigma_1$（MPa）	修正的等效应力幅 $\Delta\sigma_e'$（MPa）	试验结果式8-3推算疲劳寿命下限 $[N]$（×10^4次）	实际循环次数 N_0（×10^4次）
原料跨B轴 10~11线	443	0.50	210	117	99	239
一浇注跨E轴10~11线	446	0.38	205	87	221	241
二浇注跨F轴8~9线	397	0.38	206	87	221	214

表中：$\Delta\sigma_1$——吊车梁圆弧端设计最大主应力幅；

　　　$\Delta\sigma'_e$——修正的等效应力幅；

　　　$[N]$——在$\Delta\sigma'_e$作用下由疲劳曲线式（8-3）的95%置信下限估算的吊车梁
　　　　　　圆弧端疲劳寿命下限；

　　　N_0——由已使用15年推算的实际吊车梁圆弧端应力循环次数。

从表8-5可以看到，实际测试了三根开裂后修补的吊车梁圆弧端，其推测的实际应力循环次数基本均在由本次试验统计回归疲劳曲线95%置信下限所推算的疲劳寿命下限以上（原料跨和一浇注跨实测吊车梁）或已很接近疲劳寿命的下限（二浇注跨实测吊车梁）。以上说明，按照本次模型试件疲劳试验统计回归曲线进行估算，该三根吊车梁圆弧端将会出现疲劳开裂现象，这一结论与实际情况相符，在一定程度上也证实了由试验结果统计回归得到的疲劳曲线式（8-3）的适用性。

8.2.4　加固研究

通过现场调查测试分析与模型试件的疲劳试验研究表明，吊车梁圆弧端开裂主要是由于圆弧处应力集中、疲劳强度不足所造成的，疲劳控制名义应力为圆弧端腹板上的最大主应力。基于降低吊车梁圆弧端最大主应力幅、提高疲劳寿命的出发点，提出了对吊车梁圆弧端进行焊接加固和粘接CFRP布加固的方案。

8.2.4.1　方案分析

1. 焊接加固方案计算分析

针对焊接加固方案，分为箱形焊接加固、Y形焊接加固、斜肋板焊接加固和十字形肋板焊接加固共五种有限元模型进行计算分析，结果如表8-6所示。

加固方案有限元计算分析　　　　　　　　　　表8-6

模型编号	加固后圆弧端最大主应力（MPa）	降低幅度	备注
AEBOX	102.7	51%	箱形加固方案：36厚加固板与腹板平行，直接焊在圆弧板上，再通过连接板与腹板焊接
AEY	115.5	45%	Y形加固方案：36厚圆弧状加固板，直接与圆弧板、腹板焊接连接
AERIB	155.7	26%	十字形肋板加固方案：在圆弧区腹板上相互垂直地焊接两块36厚肋板
BG102E	139.5	36%	斜肋板加固方案1：在腹板上沿45°方向焊接50厚板

续表

模型编号	加固后圆弧端最大主应力（MPa）	降低幅度	备注
BG102G	167.5	23%	斜肋板加固方案2：在腹板上沿45°方向焊接25厚板
BG1AZ	166.3	21%	在圆弧区腹板两侧各粘贴一层CFRP布，并通过圆弧区焊缝粘贴到圆弧板上

从表 8-6 可以看到，各加固方案都使圆弧端最大主应力有所降低；在使用同等厚度钢材进行加固的条件下，箱形加固方案和 Y 形加固方案所取得的效果最佳；进一步考虑加固材料最省、加固后外形美观等方面，Y 形加固方案（模型 AEY）占优。

2. 粘接 CFRP 布加固方案计算分析

粘贴的 CFRP 布选用预浸碳纤维材料。材料参数为：弹性模量 $1.15 \times 10^5 MPa$，单层厚度 0.15mm。采用膜单元模拟 CFRP 布，其有限元计算分析结果见表 8-6，从表 8-6 可以看到，每侧仅粘贴一层 CFRP 布使圆弧端最大主应力降低 21%。

3. 各类加固方案计算结果对比分析

通过吊车梁圆弧端模型疲劳试验研究，圆弧端疲劳名义应力可取为圆弧端最大主应力。从上述两类加固方案中各选一个较优的进行了对比分析，见表 8-7。

各加固方案有限元计算结果对比分析　　　　表 8-7

加固方案及模型编号	最大主应力（MPa）	降低幅度	加固用材料	特点
原型BG1	210.0	—	—	—
焊接AEY	115.5	45%	36厚钢板	传力明确、外形美观
粘接BG1AZ	166.3	21%	0.15厚CFRP布	厚度薄、不影响外观、施工速度快

虽然焊接加固方案可以使圆弧区最大主应力降低幅度最大，但是粘接 CFRP 布加固方案对吊车梁圆弧区外观基本没有影响，而且可以通过粘贴多层达到降低最大主应力的目的。因此，在吊车梁圆弧端模型试件补强加固后疲劳性能试验研究中，两类加固方案各选择了一个，共 2 种加固方案进行试验研究。

8.2.4.2　试验设计

1. 模型试件加固设计

焊接加固模型试件设计图如图 8-15 所示。模型试件加固材料采用 Q345 钢，

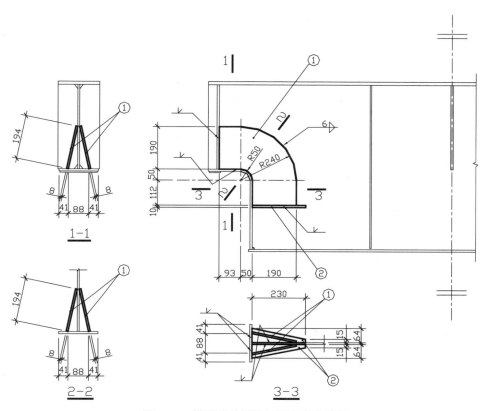

图8-15　模型试件焊接加固方案设计图

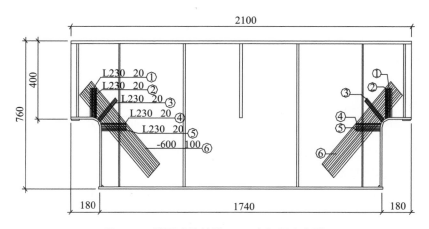

图8-16　模型试件粘接CFRP布加固方案图

与原试件材料相同。加固钢板①为整板切割、热煨成型，与圆弧板、腹板的焊接均为手工焊，采用与 Q345 钢相匹配的 E5015 型焊条。已疲劳开裂的试件在加固前均先进行裂缝修补处理。

粘接 CFRP 布加固模型试件设计图如图 8-16 所示。模型试件加固采用了中温固化工艺的 G1XY 型 CFRP 布预浸料，材料力学参数为：弹性模量为 1.15×10^5MPa，单层厚度为 0.15mm，极限抗拉强度为 2000MPa。

2. 试验方案

试验装置如图 8-12 所示，通过反力架对试件施加反复荷载，加载频率为 250 次 / 分钟，最小荷载与最大荷载之比均为 0.1。

试件编号、加载吨位和支座反力等如表 8-8 所示。对于已进行了疲劳试验且在 2×10^6 次内开裂的试件，在补强加固疲劳试验时，其加载方式保持不变，以更好地分析补强加固的效果；若是在 2×10^6 次以后才开裂的试件，在补强加固后疲劳试验时提高了加载吨位。

加载吨位和支座反力 表 8-8

试件编号	加固方案	加载位置	加载吨位（t）		支座反力（kN）		加载方式是否与加固前相同，加固前是否进行裂缝修补处理
			P_{min}	P_{max}	R_{max}	R_{min}	
L28-7	焊接加固	1/3跨	5.0	50	330	33.0	与加固前相同，裂缝修补
L28-2		跨中	3.5	35	172	17.2	与加固前相同，裂缝修补
L28-6		跨中	5.0	50	245	24.5	加载吨位有提高，裂缝修补
L20-4		1/3跨	3.5	35	231	23.1	与加固前相同，裂缝修补
L28-11	粘接CFRP布加固	跨中	5.0	50	245	24.5	加固前未试验，未开裂修补
L28-12		1/3跨	5.0	50	330	33.0	加固前未试验，未开裂修补

8.2.4.3 试验结果分析

1. 焊接加固模型试验结果分析

4 个焊接加固模型试件的圆弧端在加固前均进行了裂缝修复处理，其补强加固后疲劳试验结果如表 8-9 所示：试件 L28-2 跨中加载，在 2.15×10^6 次应力循环作用下两端圆弧区均未发现开裂；L28-6 跨中加载，东侧圆弧端 8.6×10^5 次开裂，西侧 1.19×10^6 次时仍未开裂而停止试验；试件 L28-7、L20-4 加载位置均为 1/3

跨度，仅东侧圆弧端开裂。从表 8-9 可以看到，由于最大主应力幅降低了 45%，加固后试件的疲劳寿命比加固前均有不同程度的提高。

焊接加固模型试件疲劳试验结果　　　　　　　　　　　　　表 8-9

试件编号	端头位置	加固后最大主应力幅（MPa）	疲劳寿命（×10⁴次）	应力降低幅度	加固前疲劳寿命（×10⁴次）	附注
L28-2	—	87	>215		124	未出现裂缝
L28-6	东	124	86		58*	圆弧处出现裂缝
	西	124	>119	45%		未出现裂缝
L28-7	东	167	42		18.6	圆弧处出现裂缝
L20-4	东	130	103		70.9	圆弧处出现裂缝

注：L28-6加载吨位有提高，其加固前疲劳寿命是在现有荷载作用下，根据加固前疲劳试验回归S-N曲线估算得到。

　　焊接加固模型试件 L20-4 端头开裂情况如图 8-17 所示。所有开裂试件的裂缝均首先出现在圆弧区，但与加固前的并不完全相同：如试件 L28-7 端头的裂缝出现在加固板与腹板的连接焊缝处，而在加固板与圆弧板的连接焊缝处未发现裂缝，这主要与加固板的焊接施工质量有关；另外，L28-6、L28-7 试件圆弧区先开裂，

图8-17　L20-4端头开裂情况

之后在其加固板②前端的腹板处出现开裂，这主要是由于刚度突变造成的，实际实施时可与 L20-4 试件一样去掉板②，将加固板①直接焊在下翼缘上，从而避免此种开裂现象（加固板①、②见图 8-15）。

　　取加固后圆弧端最大主应力幅作为设计应力幅，焊接加固模型试件的试验结果如图 8-18 所示，图中带箭头的试验点表示还没有出现疲劳裂缝。图中还标示出了加固前疲劳试验结果、《钢结构设计规范》GB 50017—2003 第 4 类和第 5 类疲劳强度曲线。加固前疲劳试验数据统计分析已表明加固前圆弧端疲劳强度可按规范第 4 类疲劳强度进行计算，但焊接加固模型加固试件部分疲劳试验结果已分布在第 4 类疲劳强度曲线之下、第 5 类疲劳强度曲线之上。因此，用加固后圆弧

端最大主应力幅作为设计应力幅,对焊接加固模型试件,若加固前进行了裂缝修复处理,其圆弧端疲劳强度应按规范第5类疲劳强度进行计算,其疲劳强度的降低主要与裂缝修复处理施工有关。

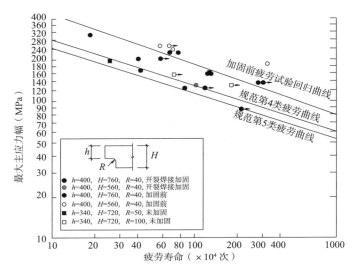

图8-18 焊接加固模型试件试验结果

2. 粘接CFRP布加固模型试验结果分析

2个粘接CFRP布加固模型试件加固前均没有疲劳开裂,其补强加固后疲劳试验结果如表8-10所示:L28-11为跨中加载,东侧圆弧端在$1.63×10^6$次开裂,西侧端头在$1.82×10^6$次时仍未开裂停止试验;L28-12加载位置为1/3跨度,东侧圆弧端$3.9×10^5$次开裂。从表8-10可以看到,由于最大主应力幅降低了21%,加固后试件的疲劳寿命比加固前均有不同程度的提高。

粘接CFRP布加固模型试件疲劳试验结果 表8-10

试件编号	端头位置	加固后最大主应力幅(MPa)	疲劳寿命(×10⁴次)	应力降低幅度	加固前疲劳寿命(×10⁴次)	附注
L28-11	东	178	163	21%	57.8*	圆弧处出现裂缝
	西	178	>182			未出现裂缝
L28-12	东	241	39		25.5*	圆弧处出现裂缝

注:L28-11、L28-12加固前疲劳寿命根据加固前疲劳试验回归$S-N$曲线估算得到。

粘接 CFRP 布加固模型试件试验结果如图8-19所示，图中带箭头的试验点表示还没有出现疲劳裂缝。图中还标示出了加固前疲劳试验结果、焊接加固试验结果、《钢结构设计规范》GB 50017—2003第4类和第5类疲劳强度曲线。加固前疲劳试验数据统计分析已表明加固前圆弧端疲劳强度

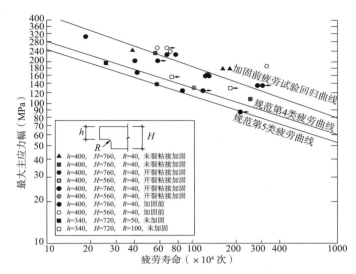

图8-19 粘接CFRP布加固模型试件试验结果

可按第4类疲劳强度进行计算，由图8-19可见，由于2个试件加固前均没有疲劳开裂，粘接 CFRP 布加固模型试件疲劳试验结果均分布在加固前疲劳试验回归曲线附近。因此，以加固后圆弧端最大主应力幅作为设计应力幅，粘接 CFRP 布加固模型试件的圆弧端疲劳强度，若尚未开裂就加固，可按规范第4类疲劳强度进行计算。

8.2.4.4 加固方案及实施对比

由焊接 Y 形加固方案与粘贴碳纤维（粘贴一层）加固方案的有限元分析及疲劳试验结果可得到以下几点结论：

1. 两种加固方案均能有效降低圆弧处的最大主应力幅，加固后的疲劳寿命均有不同程度的提高，提高幅度与加固钢板的厚度、碳纤维的层数有关，本次试验中焊接加固方案对疲劳强度的提升高于粘贴一层碳纤维加固方案。

2. 焊接加固方案的优点是传力明确，但对焊缝质量要求高，易产生新的焊接缺陷和应力集中，且施工时间长，对生产的影响大。粘贴碳纤维加固方案具有施工速度快，对生产影响小的特点，但长期性能还需进一步检验，同时对使用环境也有一定限制。因此，需要根据实际情况综合考虑选择不同的加固方案。

3. 针对某炼钢厂圆弧端吊车梁的加固，在不同情况下，分别采用了以上两种加固方案，实施加固后，经过10余年的正常使用，未发现有新的疲劳裂缝出现，加固效果良好。

8.2.5　TIG 重熔疲劳焊缝修复技术研究

8.2.5.1　TIG 重熔焊缝修复工艺研究

TIG（Tungsten Inert Gas Welding）是钨极惰性气体保护焊，是在惰性气体的保护下，利用钨电极与工件间产生的电弧热熔化母材和填充焊丝（如果使用填充焊丝）的一种方法。

TIG 重熔是利用钨极惰性气体保护焊将焊缝的焊趾重新熔化，消除焊缝存在的咬肉、夹渣等缺陷，同时形成过渡匀顺的重熔区，从而减小应力集中，提高焊接接头的疲劳强度。

1. 工艺参数

①采用钨极手工氩弧焊机和水冷式焊炬，应有脉冲引弧和熄弧时的电流衰减功能，并能提前通氩气和延时停氩气；

②电极直径为 3.6mm，端部在 3.2mm 的范围内直径磨成 1.5mm，呈锥台状，如图 8-20 所示；

③氩气为工业氩，纯度为 99.99%；

④电流和电压应分别为 180～200A 和 18～20V。

图8-20　钨极端头形状

2. 操作工艺

①施焊前应将焊缝及其附近 20mm 范围内的油漆、污垢、焊渣、飞溅等清除干净，打磨出金属光泽。对原有的咬肉、弧坑等应予以修补；

②重熔时焊炬与垂线的夹角约为 30°，焊弧应横向摆动，摆动中心在原焊趾外 1～2mm 处；

③起弧时在待重熔的起点前方约 10mm 处引燃电弧，然后反向移动电弧至起点，再折回进行正常重熔，收弧时应将重熔区的末端移至焊缝上；

④施焊过程中，尽量做到钨极不与焊件或焊丝相接触，若出现这种情况时，应采用机械法清除由此所造成的污染，直至露出金属光泽，同时还应重新打磨钨极；

⑤施焊后应采用电动钢丝刷将重熔区边缘清理干净。

3. 质量检验

①重熔区外观质量应全数检查；

②重熔区应呈凹形，连接匀顺，表面不得有裂缝、气孔、夹杂等缺陷；

③重熔区应呈灰白色，宜有光亮，不得呈灰黑色；

④重熔的深度和宽度应满足设计要求。设计上没有要求时，重熔深度不小于 4mm，重熔宽度不小于 10mm，如图 8-21 所示；

⑤经过 TIG 重熔的焊缝，其质量不得低于设计要求的焊缝质量等级，质量检验按 GB 50205 执行。

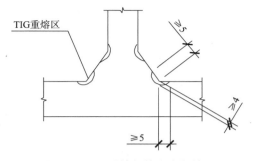

图8-21 TIG重熔区的宽度和熔深

8.2.5.2 TIG 重熔技术修复钢吊车梁疲劳损伤试验研究

1. 疲劳试验方案

对于如吊车梁圆弧端 K 形坡口焊传力焊缝，采用 TIG 重熔后改善疲劳性能效果如何，国内外未见相关研究成果。为此，设计实施了相关疲劳试验，以分析研究 TIG 重熔对吊车梁圆弧端疲劳性能的影响。

疲劳试验分两大类进行，一类采用横肋小试件进行试验，用于确定吊车梁圆弧端基本焊接接头经过 TIG 重熔后的疲劳性能，焊缝形式有 K 形坡口焊和单面 V 形坡口焊两种，分别对应吊车梁圆弧端腹板和加固板与圆弧翼缘板的连接焊缝，焊缝尺寸和板厚约为实际尺寸的二分之一；另一类采用吊车梁圆弧端模型进行试验，用于校核小试件的疲劳试验结果。疲劳试验方案如表 8-11 所示。

疲劳试验方案 表 8-11

组号	形式	处理工艺	试样数量（个）	试验至	试验目的
1	K形坡口	原状	10	拉断	对比件
2	K形坡口	TIG重熔	10	拉断	TIG重熔改善效果
3	K形坡口	原状	10	预估寿命	模拟寿命殆尽情况
4	K形坡口	TIG重熔	第3组未破坏试件	拉断	TIG重熔的改善效果
5	V形坡口	原状	10	拉断	对比件
6	V形坡口	TIG重熔	10	拉断	TIG重熔改善效果
7	模型试件	TIG重熔	3	破坏	校核小试件试验结果

（1）横肋小试件

加工制作如图 8-22 和图 8-23，焊缝形式有 K 形坡口焊和单面 V 形坡口焊两类，分别对应吊车梁圆弧端腹板和加固板与圆弧翼缘板的连接焊缝，虽然试件较小，但焊缝尺寸和板厚较大，约为实际尺寸的二分之一；试件材料为 Q235B，相当于原吊车梁所用材料 SM50B，焊条为 E5016 型，焊缝质量要求达到二级。制作时先做成整坯，切割后加工成试件；共制作 5 组试件，每组 10

个，其中 K 形坡口焊形式 3 组，V 形坡口焊形式 2 组；每类又分为原状焊缝和
TIG 重熔焊缝两种，以进行 TIG 重熔效果的对比。TIG 重熔的深度为 2～4mm，
宽度为 6～10mm。

每类焊接接头形式中各设定一组试件为原样对比试件，一组为 TIG 重熔处

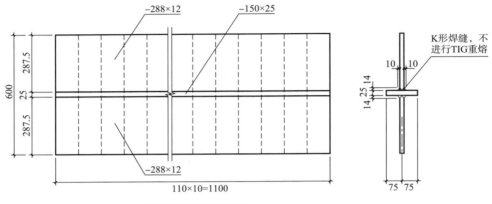

K形坡口原状焊缝试件坯

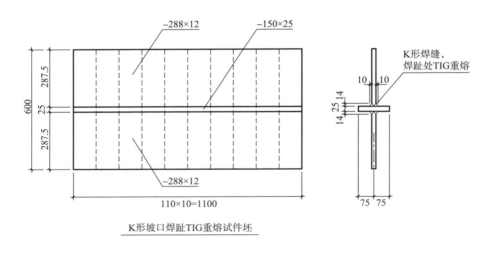

K形坡口焊趾TIG重熔试件坯

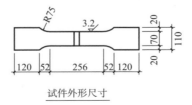

试件外形尺寸

图8-22　K形坡口焊缝试件

理试件，以研究 TIG 重熔的改善效果；对于 K 形坡口焊，根据原样试件试验结果确定其开裂时的疲劳寿命，据此设计一组试件疲劳试验至预估寿命，然后进行 TIG 重熔工艺处理，再接着进行一组疲劳试验，以模拟疲劳寿命殆尽但未出现疲劳裂缝时 TIG 重熔的改善效果；每组试验时均要保证至少有 6 个试验数据有效。

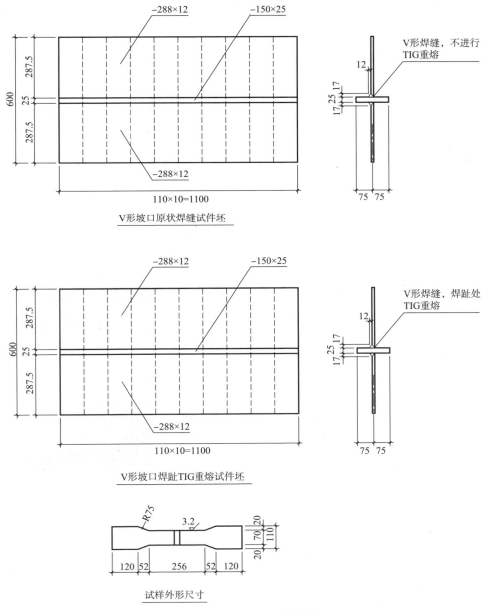

图8-23　V形坡口焊缝试件

（2）吊车梁圆弧端模型试件试验方案

吊车梁圆弧端模型试件如图 8-24 所示，共有 3 个，其尺寸与实际圆弧端的比例为 1:5，材料为 Q235B，焊条为 E5016 型，焊缝质量要求达到二级，圆弧处焊缝经过 TIG 重熔，重熔方法与小试件的重熔方法相同。

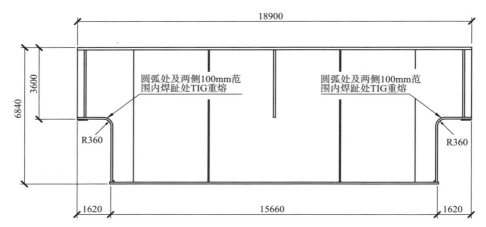

图8-24 吊车梁圆弧端模型试件

（3）疲劳试验装置

小试件的试验在 UHS-100 交变疲劳试验机上进行，如图 8-25 所示。以拉 - 拉方式加载，应力比为 0.1，试验波形为正弦波，频率为 500 次 / 分钟，试验温度为 20 ~ 26℃。

圆弧端模型试件的疲劳试验加载装置如图 8-12 所示。试件简支在东西两侧的台座上，一端是固定刀口支座，另一端是滚轴支座。利用瑞士 Amsler 油压脉冲疲劳试验机的 50t 千斤顶，通过反力架施加重复荷载，加载频率为 300 次 / 分钟，最小与最大荷载之比为 0.1。荷载作用点在试件约 1/3 跨度处的加劲肋上。

图8-25 横肋试件疲劳试验情况

8.2.5.3 K 形坡口焊试件试验结果

1. 原状焊缝 TIG 重熔改善效果

K 形坡口原状焊缝和 TIG 重熔试件疲劳试验数据和统计结果示于表 8-12、

表 8-13 和图 8-26。可以看出，原状焊缝和 TIG 重熔的疲劳曲线的斜率明显不同，分别为 -2.51 和 -5.47。在应力循环次数较低（少于 5×10^5 次）时，两种试验结果比较接近；应力循环次数较高（多于 5×10^5 次）时，TIG 重熔的疲劳强度高于原状焊缝，具有 97% 保证率的 2×10^6 次疲劳强度分别为 93.4MPa 和 63.4MPa，高出 47.3%。由于炼钢厂实际吊车梁一般都是低应力高循环次数（50 年应力循环次数近 1.0×10^7 次），所以 TIG 重熔确实可以改善疲劳性能。

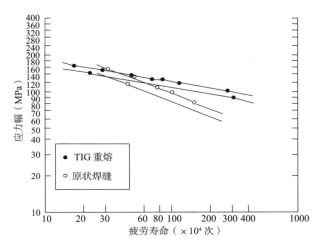

图8-26　原状焊缝与TIG重熔法S–N曲线的比较

K 形坡口原状焊缝试件的疲劳试验结果　　　表 8-12

序号	应力幅$\Delta\sigma$（MPa）	应力循环次数N（$\times 10^4$ 次）	断裂情况
1	99	99.84	焊趾处断
2	117	45.28	焊趾处断
3	135	50.00	焊趾处断
4	153	31.20	焊趾处断
5	108	76.51	焊趾处断
6	81	157.31	焊趾处断
疲劳曲线方程	$\lg N = 10.979 - 2.51\lg\Delta\sigma[\pm 0.151]$		
相关系数	-0.964		
2×10^6 次疲劳强度（MPa）	均值	72.9	
	97%保证率	63.4	

		K 形坡口焊 TIG 重熔试件的疲劳试验结果	表 8-13
序号	应力幅Δσ（MPa）	应力循环次数N（×10⁴ 次）	断裂情况
1	180	17.71	焊趾处断
2	144	22.78	焊趾处断
3	90	307.61	未断，不统计
4	126	85.13	焊趾处断
5	117	113.67	焊趾处断
6	162	16.95	焊趾处断
7	106.2	278.66	焊趾处断
8	126	68.65	焊趾处断
疲劳曲线方程		$\lg N = 17.382 - 5.47 \lg \Delta\sigma[\pm 0.309]$	
相关系数		−0.953	
2×10⁶次疲劳强度（MPa）		均值	106.3
		97%保证率	93.4

2. 疲劳后 TIG 重熔改善效果

疲劳后 TIG 重熔试件的疲劳试验是确定将要出现但还没有出现疲劳裂缝的焊缝经过 TIG 重熔后疲劳性能改善的效果。TIG 重熔前的疲劳次数根据 K 形坡口原状焊缝试件出现裂缝的次数减去两倍标准差确定。在疲劳试验过程中，定期在焊缝处涂以颜色并记录下应力循环次数，根据断口上颜色的痕迹（图 8-27）确定最早出现裂缝的次数。根据统计结果，出现裂缝时的应力循环次数约为拉断时的 0.69 倍。将表 8-12 中应力循环次数乘以 0.69，经过回归分析后减去两倍标准差即得到对应不同应力幅的次数。表 8-14 中重熔前的应力循环次数即由此而来。

图8-27　小试件断口疲劳裂缝扩展痕迹图

图8-28　TIG重熔深度小于裂缝深度

表 8-14 中第 7 号试件重熔后的疲劳寿命很短，检查断口发现，重熔前已有深度约为 5mm 的裂缝，重熔深度约为 2mm，如图 8-28 所示，在此情况下 TIG 重熔不起作用。

疲劳后再 TIG 重熔的 K 形坡口焊试件疲劳试验结果　　表 8-14

序号	应力幅 $\Delta\sigma$（MPa）		应力循环次数 N（$\times 10^4$ 次）		断裂情况
	重熔前	重熔后	重熔前	重熔后	
1	63	121.5	142.31	115.37	焊趾处断
2	72	85.5	100.88	288.88	未断
3	90		59.22	152.88	焊趾处断
4	81		75.42	328.38	未断
5	135		20.35	46.82	焊趾处断
6	108		37.53	50.47	焊趾处断
7	117		32.45	6.24	重熔前已出现裂缝，不统计
8	99		45.63	213.39	未断
按重熔后应力循环次数统计	疲劳曲线方程		$\lg N = 13.188 - 3.52\lg\Delta\sigma[\pm 0.403]$		
	相关系数		-0.842		
	2×10^6 次疲劳强度（MPa）	均值	90.7		
		97%保证率	69.7		
按应力循环总次数统计	疲劳曲线方程		$\lg N = 12.801 - 3.261\lg\Delta\sigma[\pm 0.301]$		
	相关系数		-0.889		
	2×10^6 次疲劳强度（MPa）	均值	98.9		
		97%保证率	80.0		

表 8-14 中有 3 个试件最后没有拉断，统计时偏于安全地将这三个试验包括在内。此外第 1 号和第 2 号试件前后的应力幅不相同，统计时采用重熔后的应力幅并按等效损伤的原则对应力循环次数进行了调整。

疲劳后 TIG 重熔的试验结果如图 8-29 所示。与原状焊缝和 TIG 重熔焊缝疲劳曲

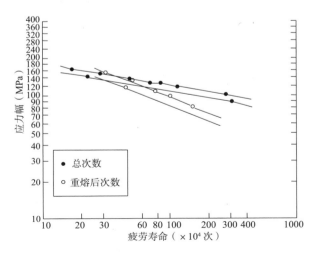

图8-29　疲劳后TIG重熔的S–N曲线

线即图 8-26 中的曲线比较可以看出，按应力循环总次数考虑，疲劳后 TIG 重熔的疲劳强度略低于开始就进行 TIG 重熔的疲劳强度；按重熔后应力循环次数考虑，疲劳后 TIG 重熔在较高次数时的疲劳强度仍然高于原状焊缝的疲劳强度。

以上结果说明，对于尚未出现裂缝的在役结构，用 TIG 重熔改善疲劳性能是很有效的。

8.2.5.4　V 形单面坡口焊试件试验结果

V 形坡口原状焊缝和 TIG 重熔试件的疲劳试验结果示于表 8-15、表 8-16 和图 8-30。焊缝试件中有 5 个断于焊跟处，7 个 TIG 重熔试件全部断于焊跟处。原状焊缝试件均值疲劳强度曲线高于 TIG 重熔试件，这可能是两块试件坯不同的焊接质量所造成的。

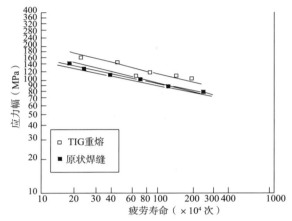

图8-30　V形坡口焊与TIG重熔法S-N曲线

V 形坡口原状焊缝试件的疲劳试验结果　表 8-15

序号	应力幅$\Delta\sigma$（MPa）	应力循环次数N（$\times 10^4$ 次）	断裂情况
1	99	188.91	焊跟处断
2	126	88.57	焊跟处断
3	112.5	83.99	焊跟处断
4	153	21.77	焊趾处断
5	139.5	44.35	焊跟处断
6	105.3	64.28	焊趾处断
7	105.3	139.88	焊跟处断
疲劳曲线方程	$\lg N = 13.998 - 3.92\lg\Delta\sigma[\pm 0.323]$		
相关系数	-0.882		
2×10^6次疲劳强度（MPa）	均值		92.1
	97%保证率		76.1

V 形坡口焊缝 TIG 重熔试件的疲劳试验结果　　　表 8-16

序号	应力幅$\Delta\sigma$（MPa）	应力循环次数N（$\times 10^4$次）	断裂情况
1	249.3	2.33	焊跟处断
2	135	17.56	焊跟处断
3	99	69.27	焊跟处断
4	85.5	119.96	焊跟处断
5	76.5	235.88	焊跟处断
6	108	38.49	焊趾处断
7	121.5	23.43	焊跟处断
疲劳曲线方程		$\lg N = 15.221 - 4.71\lg\Delta\sigma[\pm 0.094]$	
相关系数		-0.996	
2×10^6次疲劳强度（MPa）		均值	78.3
		97%保证率	74.8

具有 97% 保证率的 2×10^6 次疲劳强度，V 形坡口原状焊缝和 TIG 重熔试件分别为 76.1MPa 和 74.6MPa，均高于 K 形坡口原状焊缝试件的 63.4MPa。虽然 V 形坡口焊缝跟部质量较差，但实际断口的面积较计算面积为大，所以疲劳强度较高。V 形坡口焊试件焊趾处疲劳强度也较高，其原因可能在于试件较薄以及单面焊缝残余应力较小。

基于以上分析可知，为了改善 V 形坡口焊的疲劳性能，不仅需要焊趾处 TIG 重熔，还需要提高焊跟处的焊接质量，保证成型良好和有一定的焊缝增高。

8.2.5.5　吊车梁圆弧端模型试件试验结果

圆弧端模型 TIG 重熔试件的疲劳试验结果示于表 8-17 和图 8-31，第 1 个试件圆弧处首先出现裂缝，然后沿圆弧向斜

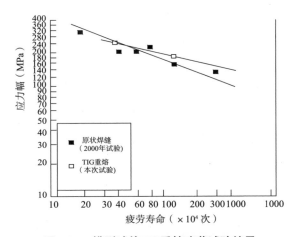

图8-31　模型试件TIG重熔疲劳试验结果

上方发展，见图 8-32 和图 8-33。第 2 个试件圆弧处未出现裂缝，但在腹板缺陷处出现裂缝，致使试验不能继续下去。第 3 个试件未出现裂缝，因循环次数太多而停止。虽然本次只有三个试件，但还是可以看出，TIG 重熔能够改善疲劳性能，2×10^6 次的疲劳强度可以提高 20% 以上。

圆弧端模型 TIG 重熔试件的疲劳试验结果　　　　　　　表 8-17

序号	最大主应力幅（MPa）	应力循环次数 N（$\times 10^4$ 次）	断裂情况
1	182.2	124~180	圆弧处首先出现裂缝
2	247.1	37.5	圆弧处未出现裂缝
3	151.8	291	圆弧处未出现裂缝

图8-32　TIG重熔处理后模型试件疲劳开裂

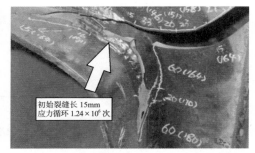

图8-33　TIG重熔处理后疲劳裂缝起始位置

8.3　直角突变式钢吊车梁端部疲劳性能研究

8.3.1　计算与测试分析

上海某钢厂炼钢厂房直角突变式钢吊车梁在使用 14 年后出现疲劳开裂，裂缝萌生于插入板和封板的连接焊缝，如图 8-34 所示。吊车梁截面尺寸如图 8-35 所示，梁全长 21000mm，高 2900mm，上、下翼缘及插入板板厚均为 70mm，截面高度突变处焊缝采用全熔透焊，且探伤结果满足一级焊缝要求，封板采用热曲工艺，弯曲后封板夹角为 120°。拼装时，在插入板上开槽与腹板拼接，拼接焊缝采用坡口角焊缝，梁端三维模型如图 8-37（a）所示，钢材型号为 Q345B，吊车最大轮压为 550kN。

1. 应力测试

近 10 年来，该厂房生产工艺及产量基本稳定，在正常生产状况下以图 8-35 所示构件作为疲劳寿命评估对象，选取某 8 小时生产周期进行荷载谱测试，测点

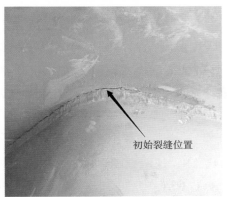

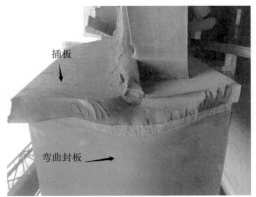

图8-34 直角突变式吊车梁开裂情况

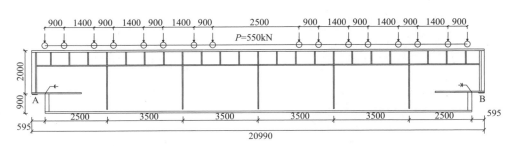

图8-35 截面尺寸及最不利荷载工况

位于弯曲封板上距离焊趾 30mm 处，统计测试结果如表 8-18、图 8-36 所示。

测试统计结果			表 8-18
最大应力幅（MPa）	测试时间内应力循环次数（次）	等效应力幅（MPa）	相对 $2×10^6$ 次的欠载效应等效系数 α_f
41	81	123	0.56

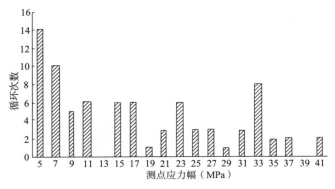

图8-36 荷载谱测试统计结果

如表 8-18 所示，测试时间内，荷载循环共 81 次，最不利荷载工况下测点处最大应力幅值为 41MPa，相应插入板上焊趾处结构应力幅值为 123MPa，欠载效应等效系数为 0.56。按厂方提供的生产产量，推算 14 年内荷载循环次数为 $2.48×10^6$ 次。

2. 有限元计算

最不利荷载工况下，最大支座反力为 4442kN，选取梁端采用主-子模型法建立有限元模型，网格划分及计算结果如图 8-37 所示。

（a）主模型网格划分示意图

（b）子模型网格划分示意图

图8-37 有限元模型网格划分及计算结果示意图（一）

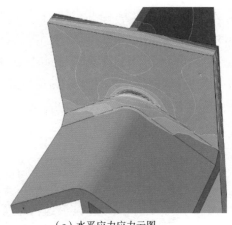
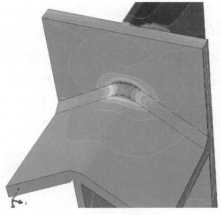

（c）水平应力应力云图　　　　　　　　（d）最大主应力应力云图

图8-37　有限元模型网格划分及计算结果示意图（二）

计算结果中可以明显的看出应力集中在插板与封板连接的焊缝两个焊趾处，且位于插板上的焊趾最大主应力204MPa大于位于封板上的焊趾最大主应力180MPa，实际观测中，疲劳裂纹也最先出现在焊缝位于插入板上的焊趾处。

8.3.2　试验研究

1. 模型的设计与制作

由于该梁截面尺寸太大，进行足尺试验花费巨大，采用缩尺模型进行疲劳试验。与圆弧过渡式相似，采用1:5的比例制作缩尺模型，若直接选全梁进行缩尺，会使构件过柔，导致疲劳试验机加载频率大幅度下降，甚至影响疲劳试验机所能施加的最大荷载。因此考虑取梁端一部分进行缩尺，如图8-38所示。简化后的模型必须仍与原型具有较好的相似性。

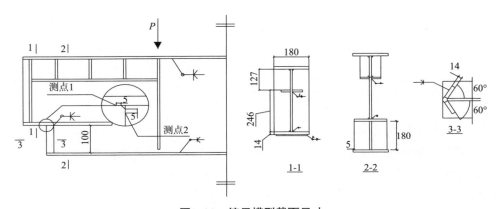

图8-38　缩尺模型截面尺寸

如图 8-35 所示，最不利荷载工况下 A 端支座反力为 4442kN，缩尺后相应的支座反力应为 177.68kN，采用与 8.3.1 节相同的主－子模型法计算缩尺模型焊缝焊趾处应力梯度、结构应力 σ_s，相似网格划分下计算结果如图 8-39 所示。由图 8-37、图 8-39 和图 8-40 可知，模型与原构件应力分布及焊趾处 σ_s 梯度基本相同，且相比原结构，模型焊趾处 σ_s 略大于原型。因此，该缩尺模型试验方案满足相似性原则。

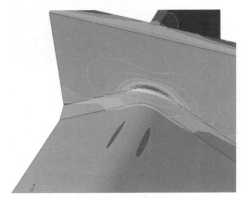 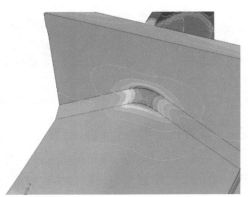

（a）缩尺模型水平应力分布图　　　　　　（b）缩尺模型最大应力分布图

图8-39　原构件、缩尺模型应力分布图

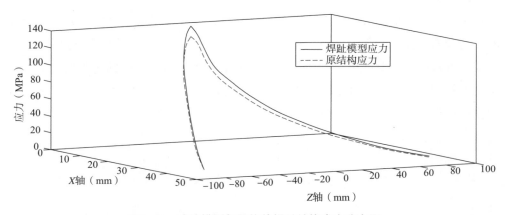

图8-40　试验模型与原构件焊趾结构应力分布图

2. 试验结果统计分析

试验共制作 8 根试件，试验装置如图 8-12 所示。加载位置及应力测试测点位置如图 8-38 所示，试验加载吨位和结果汇总如表 8-19 所示。

加载吨位及试验结果　　　　　　　　　表8-19

试件编号	最小吨位（t）	最大吨位（t）	测点1最大应力与计算值之比γ	修正后焊趾最大结构应力幅σ_c（MPa）	疲劳破坏加载次数N（×10⁴次）	裂缝图像编号
L-1	4	40	0.87	116.39	172	T-1
L-2	4	40	0.80	107.33	198	T-2
L-3	4.5	45	0.85	127.93	158	T-3
L-4	4.5	45	0.84	126.43	184	T-4
L-5	5	50	0.94	157.20	73	T-5
L-6	5	50	0.93	155.52	87	T-6
L-7	5.5	55	0.85	156.36	63	T-7
L-8	5.5	55	0.86	158.20	59	T-8

注：当焊缝焊趾处出现明显裂缝、涂抹肥皂沫时有气泡吐出，则认为破坏，或者在显微镜下放大50倍时，可观察到明显的裂缝动态张开闭合影像，也认为出现疲劳破坏。

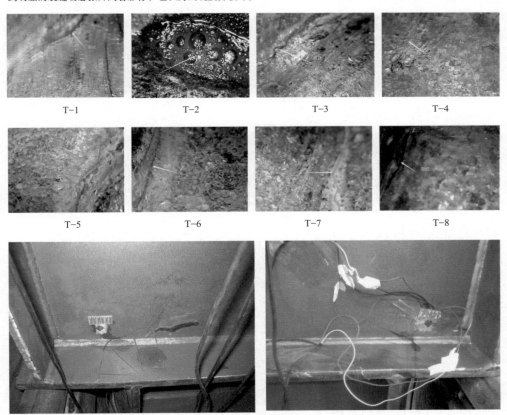

图8-41　模型试验裂缝扩展模式及裂缝形式

试验证明，疲劳裂缝最先出现在焊缝中部插入板上的焊趾处，且裂缝在扩展一定长度后，沿板厚方向同时向腹板和插板延伸，一旦腹板上出现裂缝，裂缝扩展速度迅速增大，直至整个插入板断裂，构件丧失承载力。试验结果（如图 8-41 所示）与工程实际完全相符。

有限元计算时，焊缝焊趾处通常存在应力奇异，致使不能准确地计算出该处的应力值。针对该问题先后提出了局部法、热点应力法、结构应力法。局部法需要精确的焊趾细部尺寸（焊趾半径、焊趾倾角等），建模复杂，计算量大。热点应力法依赖于网格划分，网格敏感性严重。基于局部应力分布平衡及结构力学理论提出的结构应力法，很好地解决了该问题。相关研究表明，结构应力对网格划分、单元类型不敏感，对连接类型不敏感，因此选取焊趾处结构应力作为参量，统计回归疲劳强度 $S-N$ 曲线。其次为修正实际加载吨位与设计值的偏差，在距离焊趾 t 位置设置测点（该点为国际焊接协会规定的两点线性外推点位置，测试值与计算值之间的偏差受应力奇异影响较小，t 为焊趾所在板板厚），如图 8-38 所示。采用测点 1 处实测应力值与计算值之比 γ 对焊趾处结构应力进行修正（见表 8-18）。

将表 8-18 中 σ_c、N 数据转换为对数形式，后采用 Matlab 进行拟合，考虑 95% 置信区间，使疲劳 $S-N$ 曲线（图 8-42）满足 95% 的保证率，拟合结果如下：

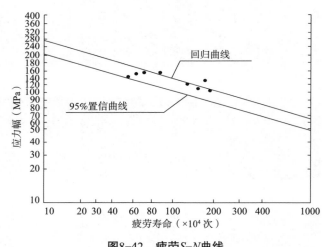

图8-42 疲劳S-N曲线

$$\lg N = 12.29 - 3.121 \lg \Delta \sigma_C \tag{8-4}$$

8.3.3 疲劳剩余寿命评估分析

对于任何一个焊接结构的疲劳寿命评估，都需要处理好两个问题：其一是可代表焊趾处应力水平的参量；其二是作用于构件的荷载谱。处理好这两个问题后，即可根据 Miner 理论及相应的疲劳 $S-N$ 曲线进行疲劳寿命评估。

考虑到板厚对疲劳强度的影响，根据式（8-5）对结构应力进行修正。

$$\sigma_s' = \sigma_s \times (\frac{t}{25})^{0.25} \tag{8-5}$$

式中，t 为焊趾所在板板厚，板厚大与 25mm 时需要对应力进行修正，小于或等于 25mm 时无须修正。

最终，得该梁的疲劳寿命评估公式为：

$$N = 10^{\left\{12.29 - 3.12\lg\left[\alpha \times (\frac{t}{25})^{0.25} \times \sigma_s\right]\right\}} \tag{8-6}$$

将测试、计算结果带入式（8-6），得到 8.3.1 节所用吊车梁的疲劳寿命为 1.608×10^6 次，可见该梁的使用寿命已经超出安全使用期限。

8.3.4 直封板吊车梁加固研究

通常直封板直角突变式钢吊车梁的拼装制作方式有两种，其一是在插入板上开槽，与腹板拼接后施焊，如图 8-43 所示；其二是在腹板上开槽，拼接后施焊，如图 8-44 所示。

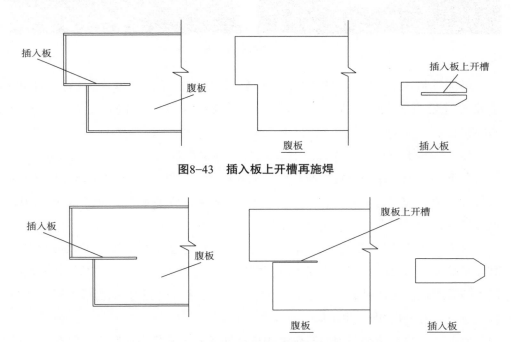

图8-43 插入板上开槽再施焊

图8-44 腹板上开槽再拼接施焊

封板与插入板之间的焊缝通常采用熔透焊，两种拼装方式对该连接的疲劳性能及加固方法影响不大。插入板与腹板的焊缝通常采用坡口角焊缝或角焊缝，插入板端部与梁腹板连接处的应力集中是由于刚度突变造成的，此时两种拼装方式的不同对其疲劳性能及加固方式异同均造成一定的影响。

直角突变式钢吊车梁通常存在两个疲劳敏感区域，其一是插板与封板连接焊缝处（区域一）；其二是插板端部与梁腹板连接处（区域二，典型破坏如图8-45所示）。针对插板与封板连接处的应力集中问题，最好的加固方法莫过于直接在插板下面对连接焊缝进行加固，但是由于在设计时，为了降低该处的应力水平，通常使封板尽可能地接近柱头，以至于该区域留下的可加固空间太小，施工难度大、施工质量难以保证。综合考虑，在插板上方加固的方法更为实用。

图8-45 区域二典型疲劳破坏模式

仍旧选取8.3.1节吊车梁支座端头建立有限元模型，计算得到封板与插板连接焊缝处最大主应力为110MPa，插板端部与梁腹板连接处最大主应力为270MPa。

在插入板上方焊接两个V板，V板板厚与梁腹板相同，在插入板下方焊接一段角钢，角钢板厚与封板板厚相同。加固后区域一最大主应力为48MPa；区域二最大主应力为270MPa。可见相比加固前，区域一应力水平降低了50%，加固效果显著，然而区域二应力水平几乎没有发生变化，甚至略微增大。

对于区域二，要降低小圆孔的应力水平，其一是通过释放应力集中区域的约束，其二是降低应力集中区域的刚度突变。常用的加固方法是将插板端部部分区域切割为圆弧形状，使其刚度平滑过渡。计算结果如图8-46所示，加固后小圆孔处的最大主应力为190MPa，相比加固前应力水平降低了30%，可见加固效果显著。然而，值得注意的是该种加固方案仅适用于在插入板上开槽拼接制作的梁端，而对于在腹板上开槽制作而成的梁端，若削去插入板板端，则焊接拼接时的槽口露出，使其更容易破坏。

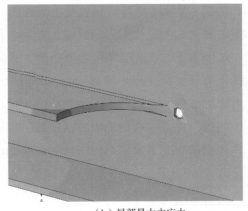

（a）最大主应力云图　　　　　　　　　　　（b）局部最大主应力

图8-46　加固后计算分析结果

8.3.5　弯曲封板吊车梁加固研究

弯曲封板直角突变式钢吊车梁的加固方式与直封板的基本相似，但是当原型的截面尺寸、拼装方式等使加固方式受到限制时，适用于直封板直角突变式钢吊车梁的加固方式不再适用于弯曲封板直角突变式钢吊车梁。

1. 焊接加固

由于实际工程中，该梁弯曲封板距柱头顶板边缘的距离仅有 180mm，通过在插入板下方增焊部件来达到加固效果的可用空间很小，尤其是施工难度很大。经过长期的研究分析，可用于该梁的焊接加固方法可分为两种（如图 8-47）。

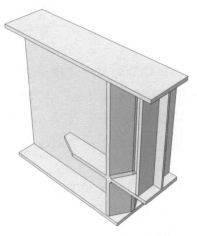
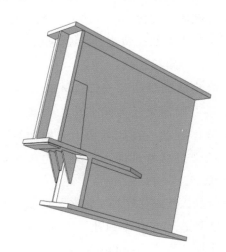

（a）方案一：延长封板到上翼缘加固方案　　　　（b）方案二：加劲肋加固方案

图8-47　加固方案

加固方案一：将封板延长至上翼缘，各处连接焊缝均为坡口熔透焊，该加固方案需将梁端上翼缘附近的纵向加劲肋、横向加劲肋切除。

加固方案二：采用焊接加劲肋的方式加固是最直接的一种加固方式，通过在插板下方添加尺寸较小的加劲肋，分担封板尖端传力所承受的荷载，通过在插板上方添加加劲肋，降低下方加劲肋位于插板上端部焊缝处的应力水平。

同等条件下，两种加固方案计算结果汇总如下：

加固前后应力水平对比统计如表8-20所示。

加固方案对比汇总　　　　　　　　　　表8-20

加固方案	加固后应力（MPa）		加固后/加固前
方案一	最大主应力	284	0.87
	水平正应力	219	0.81
	竖直正应力	174	0.71
方案二	最大主应力	183	0.58
	水平正应力	160	0.60
	竖直正应力	110	0.45

对比上表可知，加固方案二效果最好。虽然加劲肋端部存在一定的应力集中，但应力集中较小，且通过钨极气体保护焊可以避免该处的焊接缺陷，避免过早出现疲劳破坏。优化后原焊缝疲劳敏感区域最大主应力降低约60%，加固后疲劳敏感部位位于下部加劲肋上，加劲肋上最大主应力为110MPa。

2. 高强螺栓加固

由之前的分析，易知插入板端与梁腹板连接焊缝处易出现疲劳裂缝，裂缝扩展方向与梁长方向夹角约为45°，最大主应力方向与裂缝扩展方向垂直。在裂缝出现前，在插入板上开槽组合而成的梁端支座，只需将插入板端头切割为圆弧形状处理即可。裂缝出现之后，采用高强螺栓加固之前应先进行如下处理：

将插入板端头切掉一部分，使其与腹板连接处平滑过渡，如图8-48所示。

在裂缝尖端开小圆孔，小圆孔直径可取为30mm，如图8-48所示。若整个裂缝含在开取小圆孔的范围内，则可不再进行高强螺栓加固处理。

在小圆孔处设置20mm裂缝，裂缝与梁长方向夹角为45°，计算分析结果如

图 8-49 所示，裂缝尖端相关断裂力学参量列于表 8-21。

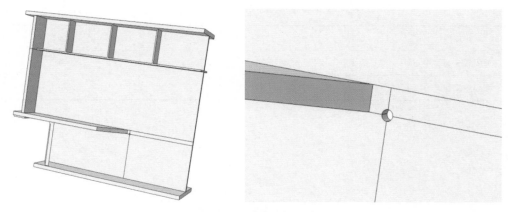

图8-48 高强螺栓加固前处理

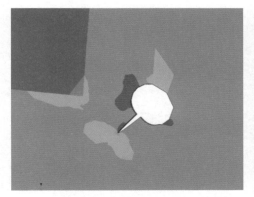

图8-49 裂缝处最大主应力云图

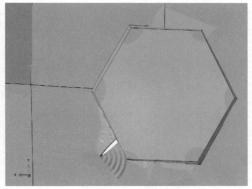

**图8-50 安装高强螺栓后裂缝处最大
主应力云图**

在小圆孔处安装 M30 型高强螺栓，计算分析结果如图 8-50 所示。

由 Paris 理论相关公式可知，采用该种加固方式加固后，裂纹尖端应力强度因子高于疲劳裂纹扩展门槛值，所以疲劳裂缝仍会继续扩展一定的长度后才能终止，而且加固后表面的裂纹扩展速度降低了 59%，中心的裂纹扩展速度降低了 30%。可见采用该种方式加固前应对裂纹进行修复，例如采用高性能胶进行修复，或在裂纹两个尖端同时钻去小孔，并用高强螺栓进行加固。

裂纹尖端相关断裂力学参量 表 8-21

	J-integral（能量释放率）	K_{I}（MPa$\sqrt{mm}$）	K_{II}（MPa$\sqrt{mm}$）	K_{III}（MPa$\sqrt{mm}$）
加固前	2.35	688	211	28.5
加固后（裂纹中心）	1.8	610	188	30
加固后（裂纹表面）	1.52	511	193	30

第9章　钢柱吊车肢柱头疲劳性能研究

9.1　概述

理论上讲，厂房钢柱吊车肢柱头间接承受吊车动力荷载且不出现拉应力，《钢结构设计规范》GB 50017—2003 规定承受动力荷载的钢结构构件应当进行疲劳计算，吊车肢柱头可以不进行疲劳计算。通常情况下设计人员也不会考虑吊车肢柱头的疲劳问题，但是在实际工程中，当吊车梁与柱头出现偏移且吊车肢柱头构造不当、施工安装导致柱头存在初始应力等情况下，就会在吊车肢柱头上产生初始拉应力，导致其吊车往复荷载作用下出现疲劳开裂，影响正常生产甚至出现人员伤亡、财产损失等不良后果。

1. 厂房柱基本形式

从整体构造上说，厂房柱可分为等截面柱、阶形柱（单阶形或双阶形）和分离式柱等形式。

（1）等截面柱有实腹式和格构式两种，如图 9-1 所示，而格构式柱又分为缀条柱和缀板柱两种。

（2）阶形柱有实腹式柱及格构式柱两种，如图 9-2 所示，阶形柱一般由屋盖肢、吊车肢构成。格构式柱又分为全格构式柱和上为实腹下为格构的格构式柱两种。

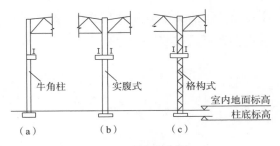

图9-1　等截面柱

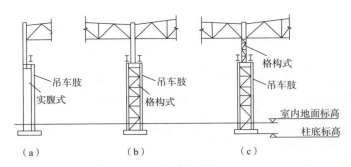

图9-2　阶形柱

（3）分离式柱由支承屋盖结构的屋盖肢和支承吊车梁的吊车肢所组成，如图9-3所示，两柱肢之间用水平板相连接，具有构造简单、计算简便和施工方便等优点。

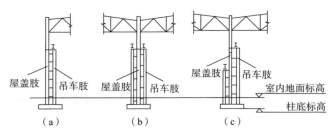

图9-3　分离式柱

2. 肩梁和吊车肢柱头

肩梁位于厂房上下柱连接处，用于增强屋盖肢与吊车肢之间的连接，对于有肩梁的厂房柱，吊车肢柱头是指位于厂房柱吊车肢顶部的部分肩梁；对于没有肩梁的厂房柱，其吊车肢柱头主要指厂房柱支承吊车柱肢的柱头。

肩梁一般应用在阶形柱上，实腹柱和格构柱肩梁基本构造形式如图9-4所示。

肩梁有单腹板肩梁和双腹板肩梁之分，一般情况下，多采用单腹板肩梁，当采用单腹板肩梁不能满足要求时，则采用双腹板肩梁。单腹板肩梁和双腹板肩梁基本构造形式如图9-5所示。

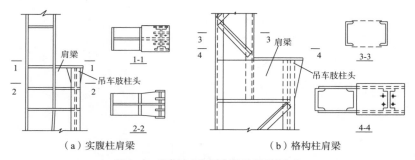

（a）实腹柱肩梁　　　　　　　　（b）格构柱肩梁

图9-4　肩梁与吊车肢柱头构造形式

吊车荷载通过吊车梁端加劲肋传至厂房柱，吊车肢柱头直接承受自吊车梁端加劲肋传来的吊车荷载，其在吊车荷载有效传递中发挥着关键作用；为确保吊车荷载的高效传递并不产生附加应力，吊车肢柱头的应力计算和连接构造等十分重要。

在配有重级、超重级工作制吊车的工业厂房中，常采用阶形柱或分离式柱，吊车肢柱头间接承受吊车梁传递的循环荷载，这种间接动载的作用是其发生疲劳

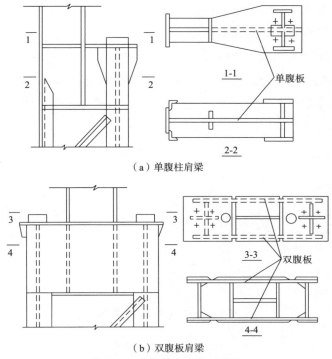

（a）单腹柱肩梁

（b）双腹板肩梁

图9-5　单腹板和双腹板肩梁

开裂的直接原因。在实际工程中吊车肢柱头的疲劳开裂等时有发生，下面就两个工程实例展开分析吊车肢柱头的疲劳性能。

9.2　吊车肢柱头构造不当导致的疲劳开裂实例

9.2.1　工程概况

武汉某二炼钢厂接受跨钢结构阶形柱，下柱为格构式，上柱为实腹式，吊车肢柱头的形式如图9-6所示。拼接时在柱头腹板上开口，将竖向两加劲肋插入。加劲肋竖向应与其上吊车梁的端加劲肋对齐，以保证其有效传力。但加劲肋设置比较短，其下端未到柱头的水平加劲肋，且加劲肋端部柱头腹板上有切割缺口。竖向加劲肋与柱头腹板采用角焊缝连接，由于加劲肋与肩梁腹板之间的空间狭小，不便施工，加劲肋在靠近肩梁腹板的一侧与柱肢腹板仅用一条角焊缝连接，且加劲肋下端部也没有围焊。

该接受跨于1978年正式建成服役，其平面示意如图9-7所示。2000年检查发现 E2 列 27、28、29、30、31、34、36、37 线和 F 列 24 线钢柱吊车肢柱头上出现开裂，开裂主要分为三种类型：

　　①竖向加劲肋下端腹板横向裂缝；

　　②沿竖向加劲肋连接焊缝的竖向裂缝；

　　③竖向加劲肋和柱肢腹板与上端板连接焊缝处的横向裂缝。

　　接受跨吊车肢柱头开裂调查汇总见表9-1，裂缝开裂形态见图9-8。

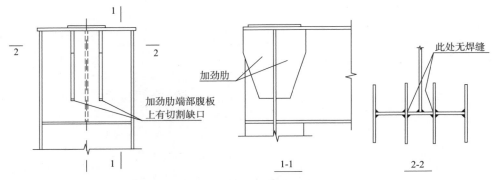

图9-6　吊车肢柱头示意图

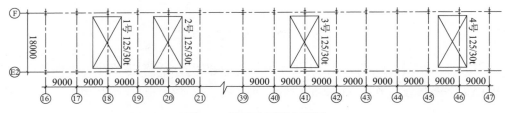

图9-7　接受跨平面布置图

接受跨吊车肢柱头开裂调查汇总表　　　　　　　　表 9-1

序号	轴号	线号	加劲肋下端 柱肢腹板横向裂缝	沿加劲肋焊缝 的竖向裂缝	与上端板连接焊 缝处的横向裂缝
1	E2	27	完好	完好	开裂
2		28	完好	开裂	完好
3		29	开裂（已打孔）	开裂	开裂
4		30	开裂（已补焊）	开裂	开裂，已补焊
5		31	开裂（已打孔）	完好	完好
6		34	完好	完好	开裂
7		36	完好	完好	开裂
8		37	开裂（已补焊）	完好	完好
9	F	24	开裂	开裂	完好

图9-8　吊车肢柱头腹板裂缝形态

接受跨出现吊车肢柱头裂缝的柱子位于生产繁重区，吊车运行十分频繁且小车横向运行是常规动作，由此初步分析这些裂缝属于疲劳裂缝。

对部分吊车梁相对于吊车肢柱头的位置进行了测量，结果见表 9-2。吊车梁与柱头之间存在偏心，横向偏差（吊车梁腹板与柱肢腹板中心的相对偏心）最大为 15mm，纵向偏差（吊车梁端加劲肋与柱肢竖向加劲肋相对位置的偏差）最大达到了 22mm，这些偏差使吊车肢柱头竖向加劲肋不再仅仅承受竖向力，同时导致腹板平面外受反复的弯曲作用。

吊车梁与柱头偏心测量结果 表 9-2

测点位置 测试梁	吊车梁腹板与柱肢腹板 中心的相对偏心（mm）		吊车梁端加劲肋与柱肢竖向加劲肋 相对位置的偏差（mm）	
	小号轴线处	大号轴线处	小号轴线处	大号轴线处
E2/29~30	10	5	10	15
E2/30~31	5	−8	12	18
E2/36~37	12	15	10	22

9.2.2　测试及计算分析

1. 测试及结果分析

测试柱选择 E2/30，测点布置见图 9-9，共设 13 个测点。先进行所有测点的静力测试，然后根据静测结果选取部分单片进行动态测试，温度补偿片设置在柱腹板两侧。

静测加载工况：

①吊车吊起装满钢水的钢水包，钢水包尽量靠近 E2 轴一侧，吊车运行到 29

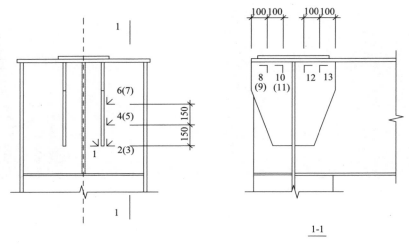

图9-9　E2/30柱头测点布置图

线至30线之间的吊车梁上，最外一个车轮位于该吊车梁靠近30线一端的支承加劲肋上，静态应变仪读数后，吊车离开该吊车梁，应变仪再次读数后调零。如此反复三次，每次可采用不同的吊车和钢水包；

②吊车吊起装满钢水的钢水包，运行到4号连铸机区段对准连铸机，应变仪第一次读数；小车将钢水包送至连铸机处，应变仪第二次读数；卸下钢水包，应变仪第三次读数；小车返回E2轴一侧，应变仪第四次读数；吊车离开该吊车梁，应变仪第五次读数后调零。如此反复三次，每次可采用不同的吊车和钢水包；

③动测时间为正常生产状态下连续测量8小时，由厂方提供的这8小时内连铸坯的产量以及厂房建成投产以来连铸坯的总产量。

吊重105t时E2列30线柱头应力静态测试结果如表9-3所示。测试中在加劲肋下端腹板两侧存在符号相反的应力，如2号和3号测点，两种加载工况其水平方向的应力分别为−178MPa和151MPa、−179MPa和152MPa，垂直方向的应力分别为−490MPa和86.5MPa、−478MPa和94.4MPa；加劲肋顶部垂直方向的应力在腹板两侧相差较大，一侧为−101~−158MPa、另一侧仅为−11~−20MPa；测试结果表明吊车梁的偏心荷载作用造成柱头加劲肋下端腹板平面外受弯而出现拉应力，且应力水平很高。

柱头加劲肋下端的连接构造（加劲肋下端焊缝没有围焊），疲劳强度较低，在拉应力反复作用下就会出现疲劳裂缝。

E2 列 30 线柱头应力静态测试结果　　　　　表 9-3

测点号	2号吊车加载，小车靠近E2列			3号吊车加载，小车靠近E2列		
	σ_x（MPa）	σ_y（MPa）	τ_{xy}（MPa）	σ_x（MPa）	σ_y（MPa）	τ_{xy}（MPa）
1	−108	−197	24.8	−102	−183	24.1
2	−178	−490	70.0	−179	−478	68.5
3	151	86.5	9.8	152	94.4	9.0
4	−112	−78.5	30.1	−107	−69.2	23.3
5	152	24.1	64.0	137	19.6	46.7
6	−71.6	−62.6	27.1	−66.9	−53.3	20.3
7	83.9	−14.0	24.8	82.2	−6.7	20.3
8	10.5	−128	—	11.0	−120	—
9	−4.3	−158	—	−1.7	−149	—
10	−32.3	−147	—	−31.2	−137	—
11	−40.6	−116	—	−30.3	−101	—
12	−8.0	−20.0	—	−5.4	−11.4	—

注：x为水平方向，y为垂直方向，正值为拉应力，负值为压应力。现场测试采用应变片，490MPa和478MPa为测试得到应变而后推算出的应力，且该应变片粘贴前确认电阻、测试前调零、测试完成后回零均没有问题，对应变仪在测试后确认该通道也无异常，说明测试过程中测到的应变就是这样，测试无异常。分析原因认为该处处于加劲肋下端部焊缝附近，焊缝的残余应力可能在该处为正应力，且数值很大，受力后应力变化很大，只能按照特殊部位、特殊情况处理。

　　吊车肢柱头动态测试在正常生产条件下进行，连续测量了 8 小时，在测试期间总共生产约 1300t 钢，应力循环 172 次，相当于 1323 次 / 万 t。以此计算，从 1978 年投产至测试时，钢产量为 4020 万 t，应力循环应当有 5.32×10^6 次；此后每年预计产钢 250 万 t，到结构使用 50 年的最后一年即 2028 年，累计产钢将达到 10770 万 t，应力循环将有 14.25×10^6 次。动测过程中在 E2 列 30 线柱头在加劲肋下端腹板测点捕捉到水平方向的最大拉应力为 175MPa、垂直方向为 143MPa。

　　对动态测试结果采用雨流法进行统计，根据《钢结构设计规范》GB 50017—2003 变幅应力转化为等效等幅应力公式，计算得水平方向的等效应力幅为 116MPa，垂直方向的等效应力幅为 85.8MPa；由于吊车肢柱头竖向加劲肋下端部焊接未采取围焊，连接类别选取第 5 类（肋端端弧）。根据变幅疲劳的等效应力幅，对应 $C=1.47 \times 10^{12}$，$\beta=3$，加劲肋端部附近的主体金属 2×10^6 次时的容许应力幅为 90MPa，对应实测的 5.32×10^6 次应力循环时，容许应力幅则低到 65.0MPa，远低于实测的等效应力幅；对应于达到 50 年时其应力循环达到 14.25×10^6 次，容许应力幅降低到 46.8MPa，也就是说加劲肋端部的等效应力幅要低于这个值，才能保证在 50 年设计基准期内不出现疲劳裂缝，而实际等效应力幅 116MPa 是

应力循环 2×10^6 次时容许应力幅的 1.49 倍、测试时 5.32×10^6 次对应容许应力幅的 1.78 倍、推算 50 年时对应容许应力幅的 2.48 倍。

2. 计算及结果分析

将柱头从水平加劲肋下、肩梁中部截断取出，在截断面上施加约束，采用三维实体单元建立计算模型，计算模型、荷载和约束情况如图 9-10 所示。在肩梁上翼缘上对应柱头加劲肋位置施加偏心荷载和不偏心的荷载，荷载大小由单台吊车作用于吊车梁端部的最大压力确定，不考虑动力系数；用有限单元法计算得到的吊车肢柱头应力见图 9-11、图 9-12。

在偏心荷载作用下，加劲肋下端附近腹板上水平方向的最大拉应力为 228MPa，与实测得到的应力 152MPa 相比高 50%，考虑到实际测量应力时捕捉到最大应力峰值的几率较低，认为

图9-10 吊车肢柱头计算模型及加载示意图

有限元法计算结果与实际动测结果相符合。实际测试和有限元计算分析都表明，由于受到偏心吊车梁荷载的作用，吊车肢柱头腹板受到平面外弯曲而出现较大拉应力是导致其出现疲劳开裂的主要原因。

在结构制作和安装上的尺寸偏差、使用过程中吊车梁与厂房柱连接的缺陷或损伤等原因导致的吊车梁与吊车肢柱头相对位置的偏移是不可避免的，由此造成吊车肢柱头实际工作状态与设计不符而产生附加应力，最终导致吊车肢柱头的疲劳开裂。

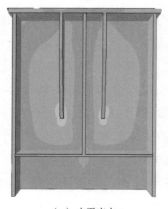
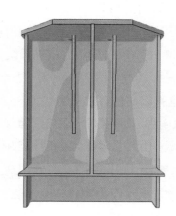

（a）水平应力　　　　　　　　　　　（b）竖向应力

图9-11 无偏心时应力计算结果

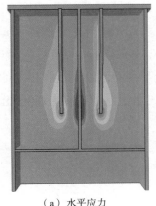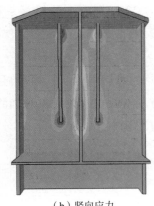

（a）水平应力　　　　　　　　　　（b）竖向应力

图9-12　有偏心时应力计算云图

在进行线性分析过程中发现，柱头腹板产生疲劳破坏是因为承受了垂直于腹板平面的弯矩，致使竖向加劲肋弯曲。由于竖向加劲肋的弯曲导致加劲肋平面内刚度降低和附加应力，更引起了柱腹板的应力集中，因此为了得到更精确的计算结果，开展了考虑几何非线性的有限元计算。

为了与线性计算结果进行对比，在进行几何非线性计算时，网格划分与其保持一致，计算模型等参数均与其相同。在相同条件下考虑几何非线性后，加劲肋下端腹板附近应力集中处最大拉应力为 259MPa，相比只考虑线性的最大拉应力 228MPa，高出 13%。对于实际工程中，线性结果是可以接受的。但是随着偏心的增大，竖向加劲肋的变形会继续增大，则非线性因素就必须考虑。

9.2.3　加固方案及实施

按照柱头出现的裂缝实际情况及上述损伤原因分析，提出了三种加固方案：加横板加固、延长加劲肋加固和加竖板加固。

1. 加横板加固

加横板加固的思路：为腹板增设一道水平加劲肋，控制其平面外应力和变形，类似柱头下端水平加劲肋的作用，其加固方式见图 9-13。同时要求在加固前，将加劲肋与腹板缺少的一条立焊缝补齐，并将加劲肋下端的缺口用焊缝填满，加劲肋下端围焊不断弧。

为了检验加固效果，用有限元法对柱头加固后进行了计算，计算的相关参数和荷载等与未加固柱头相同，并与加固前的计算结果进行了比较。

加固前柱头计算应力如图 9-14 所示，在加劲肋下端附近腹板上水平方向最大拉应力为 228.3MPa。用横板加固后的柱头计算应力如图 9-15 所示，加劲肋下端腹板上水平方向的最大拉应力为 22.7MPa，为加固前最大拉应力的10%。

用横板对柱头进行加固后，可明显降低加劲肋下端附近腹板上的最大拉应力，保证柱头的使用寿命。增设横板的加固方式主要针对没有出现开裂或出现加劲肋顶部裂缝开裂的柱头。

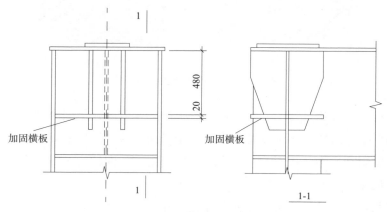

图9-13　加横板加固示意

图9-14　加固前柱头计算应力

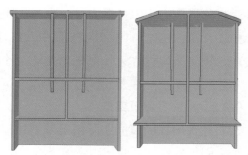

（a）背面应力分布图　　（b）正面应力分布图

图9-15　横肋加固柱头后的计算应力

2. 延长加劲肋

考虑到接受跨柱头原设计的缺陷是加劲肋没有延伸到柱头下方的水平加劲肋，加固是否可以将加劲肋延长，改善整个柱头的受力性能，由此考虑将加劲肋延长至柱头下端水平加劲肋。延长加劲肋示意如图 9-16 所示。由于柱头下端水平加劲肋宽度有限，柱头外侧加劲肋按照其下端宽度延伸，内侧按照其上端宽度延伸。

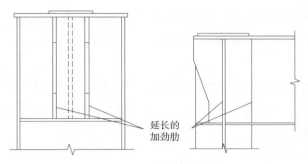

图9-16　延长加劲肋示意图

为了检验加固效果，用有限元法对柱头加固前后进行了对比计算。计算的相关参数和荷载等与未加固柱头相同，并与加固前的计算结果进行了比较。

延长加劲肋后，其计算应力如图 9-17 所示，原腹板应力集中处的拉应力几乎消失，应力值为10.2MPa，加固效果非常好，间接证明了吊车肢柱头原设计存在构造缺陷。

3. 加腹板加固

对已经出现腹板裂缝且腹板损伤情况较严重的柱头，不仅要考虑加固后控制应力水平，还要兼顾原有

图9-17　延长加劲肋加固的计算应力

柱头腹板的整体性能，为此考虑采用增加腹板的加固方法，如图 9-18 所示。加固前需要对柱头原有缺陷进行修补。

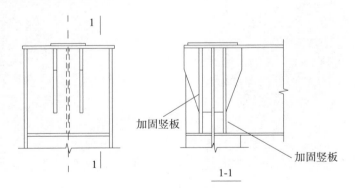

图9-18　增加腹板加固

用有限元法对柱头加固前后进行了对比计算。计算的相关参数和荷载等与未加固柱头相同，并与加固前的计算结果进行了比较。

用腹板加固的柱头，加劲肋下端水平方向的最大拉应力，在新增腹板上为 35.2MPa，在原有腹板上为 34.5MPa，分别为加固前最大拉应力的 15.2% 和 14.9%。

计算分析表明，用增加腹板的方法加固柱头，可降低加劲肋下端腹板上最大拉应力 80% 以上，消除了由于吊车梁偏移造成的吊车肢柱头腹板的附加应力，疲劳寿命将相应明显延长。

4. 加固效果比较及实施

计算结果表明，用加横板、延长加劲肋和加竖板加固等三种加固方案加固后的柱头，加劲肋下端腹板上的拉应力基本消除，加固前后加劲肋下端的最大拉应力对比结果见表 9-4，实际工程加固后见图 9-19 所示。

加固前后腹板上的最大拉应力对比结果　　　　　　　　　表 9-4

加固方案	加固前（MPa）	加固后			
		原腹板（MPa）	占加固前（%）	新增腹板（MPa）	占加固前（%）
增设竖板	228.3	34.5	14.9	35.2	15.2
增设横板		22.7	9.9	—	—
延长加劲肋		10.3	4.5	—	—

（a）横板加固　　　　　　　　　　　　　（b）竖板加固

图9-19　吊车肢柱头补强加固图

事实上三种加固方案适用于吊车肢柱头不同的损伤情况，显然加横板加固方法和延长加劲肋的加固方法比加竖板加固方案易于施工而且节省材料，但是对于腹板已经存在严重损坏的柱头，在进行建模计算的过程中没有考虑腹板整体性受力受损的影响，由此导致结果的不可预知性必须加以控制,由此三种加固方案实施情况如下：

①对完全没有出现开裂的柱头，采用延长加劲肋的方法加固；

②对出现不严重开裂的柱头采取加横板加固；

③对于腹板严重受损的柱头采用增设竖板的加固方案。

9.2.4 小结

本节中吊车肢柱头出现比较严重的开裂现象，其主要原因有两个方面：

（1）在制作安装或正常生产过程中，吊车梁相对于吊车肢柱头的位置偏差超过一定范围，导致吊车肢柱头加劲肋受到偏心荷载作用；

（2）原设计存在比较明显的设计缺陷，其主要受力的竖向加劲肋比较短，没有与柱头下端水平加劲肋相连，在柱头上吊车梁荷载出现偏心时，吊车肢柱头不再仅承受理想化的竖向荷载，吊车肢柱头传力系统无法有效控制附加应力，导致在吊车肢柱头加劲肋下端腹板附近产生拉应力。

综合考虑，应从两个方面进行改进：

（1）从施工安装和后期维护两个阶段控制钢结构构件之间相对位置的偏差，使之控制在一定范围内，避免附加应力的产生；

（2）从设计角度应关注构件连接构造合理性，并适当增大关键传力部位的安全裕度。

9.3 施工安装初始应力导致的吊车肢柱头开裂实例

9.3.1 工程概况

上海某钢厂一炼钢主厂房吊车肢柱采用 H 型钢制作，材料选用 SM50。根据结构设计形式不同，主厂房吊车肢柱可分为两类：第一类结构形式为依附于平台框架柱的分离式柱，且仅由一根轧制 H 型钢组成，柱头局部大样参见图 9-23、图 9-24；第二类结构形式采用格构式柱，吊车肢由两根轧制 H 型钢组合而成，柱头局部大样参见图 9-20。两类吊车肢柱

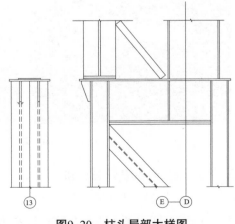

图9-20 柱头局部大样图

与吊车梁端部的连接均采用普通螺栓连接，柱头与吊车梁端部底面设有钢垫板。

使用 20 年后发现 7 根柱头处存在裂缝，具体部位如图 9-21 所示。出现裂缝的钢柱均为第一类分离式吊车肢柱，第二类柱头未发现开裂；裂缝出现的部位均在对应吊车梁端部支承加劲肋的柱头加劲肋下端、吊车运行一侧的 H 型钢翼缘板上；裂缝的形式为水平向上开展，且贯穿翼缘板，裂缝长度约 20~80mm；大多数柱头仅发现有一条裂缝，而 B11 轴处柱头有两条裂缝，检查发现 B11 轴吊车肢柱柱头处有一个加劲肋的母材已开裂，裂缝由加劲肋与顶板的连接焊缝处开始斜向加劲肋边缘延伸发展，且接近达到加劲肋的边缘，同时连接焊缝也已开裂，如图 9-22 所示。

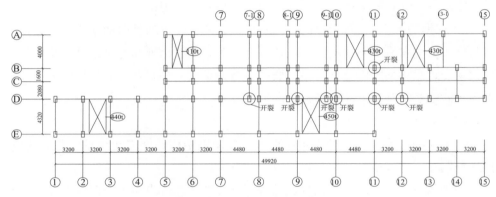

图9-21　柱头开裂布置示意图

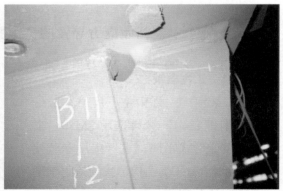

图9-22　吊车肢柱头裂缝

9.3.2　测试及计算分析

1. 测试及结果分析

选择 B11、D10 柱吊车肢柱柱头为测试对象，测量柱头应力分布和裂缝处的工作应力。

　　测点布置如图9-23、图9-24所示，除10和11两个测点各为一个单片外，每个测点布置竖向和水平两个应变片，用两个应变片的应变读数可计算出竖向和水平两个方向的应力，主要是竖向应力对裂缝有影响。

　　利用跨内最大一台吊车（AB跨430t，DE跨440t）加载，测试时吊车停在测试柱测点一侧的吊车梁上，大车最外侧的轮子与测试柱上吊车梁支座加劲肋对齐。每个测试柱有4个加载工况，测试工况如表9-5所示。

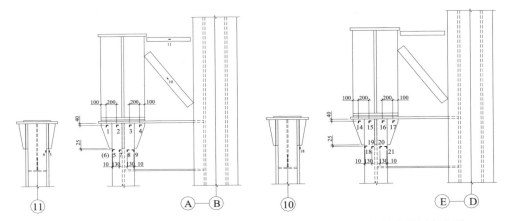

图9-23　B列11线柱头及测点布置　　　　图9-24　D列10线柱头及测点布置

静力测试加载工况　　　　　　　　　　表9-5

测试柱	加载吊车	吊重（t）	小车主钩到测试柱轨道水平距离（m）
B11 430/80t		空车（0）	4.4
		空车（0）	14.4
		空罐（134）	6.8
		空罐（134）	13.2
D10 440/80t		满罐（440）	5.6
		满罐（440）	18.3
		空车（0）	5.6
		空车（0）	18.3

　　根据静力测试结果计算出的B11柱柱头竖向应力和梁端撑杆轴力如表9-6所示，D10柱头竖向应力如表9-7所示，表中还列出了推算出的最大吊车轮压作用下的应力。

从实测应力可以看出，分离式吊车肢柱头加劲肋下端即 B11 柱测点 5、测点 6 和 D10 柱测点 18 处，有较大竖向压应力，在最大吊车轮压荷载作用下，应力值分别为 −189MPa、−261MPa 和 −193MPa。此处出现裂缝与高应力有关。

B11 柱柱头竖向应力和梁端撑杆轴向应力（MPa）　　　　　表 9-6

测点号	荷载工况（吊重/小车位置）				按430t/3m推算
	0t/4.4m	0t/14.4m	134t/6.8m	134t/13.2m	
1	−44.9	−29.5	−56.6	−36.0	−102
2	—	—	—	—	—
3	−1.92	0.79	−9.64	−8.22	−21.9
4	3.31	2.08	−4.30	−1.20	−9.98
5	−86.2	−58.4	−108	−75.0	−189
6	−127	−83.5	−148	−102	−261
7	−65.8	−44.1	−83.6	−59.1	−148
8	−49.4	−31.5	−59.9	−42.0	−108
9	−29.1	−16.0	−38.2	−24.3	−75.2
10	−33.2	−24.1	−36.3	−33.2	−58.4
11	126	91.9	152	112	253

注：2号测点读数无效。

D10 柱柱头竖向应力（MPa）　　　　　表 9-7

测点号	荷载工况（吊重/小车位置）				按440t/3.5m推算
	440t/5.6m	440t/18.3m	0t/5.6m	0t/18.3m	
14	−22.9	−9.28	−0.16	2.72	−26.2
15	−126	−74.5	−78.5	−58.4	−135
16	−83.7	−50.0	−48.7	−35.7	−90.2
17	−21.6	−11.5	−9.73	−6.32	−23.7
18	−179	−101	−110	−77.4	−193
19	−133	−75.8	−81.7	−58.3	−144
20	−110	−64.3	−69.2	−49.9	−119
21	−81.6	−44.7	−49.9	−35.3	−87.9

为了确定吊车肢柱头所受吊车荷载的繁重程度以及吊车肢柱头产生裂缝损伤的原因，对 B11、D10 吊车肢柱头分别进行了正常生产条件下的动态应力测试，

测试测点从静测的测点中选取，动态测试连续进行了 8 小时。

采用雨流法对测试数据进行统计分析，得到测试时段内的应力循环次数、最大应力、最小应力、最大应力幅、等效应力幅，计算结果分别见表 9-8、表 9-9。

D10 柱头动态应力测试结果　　　　　　　　　　表 9-8

测试柱头位置	σ_{max}（MPa）	σ_{min}（MPa）	$\Delta\sigma_{max}$（MPa）	$\Delta\sigma_e$（MPa）	应力循环次数N（次）
1#（制动杆）	111.4	−244.18	356	192	11
2#（斜杆）	96.66	−76.54	174	84	105
3#（加劲肋竖向）	0.00	−229.28	230	166	97
4#（加劲肋水平）	267.82	0.00	268	144	105

B11 柱头动态应力测试结果　　　　　　　　　　表 9-9

测试柱头位置	σ_{max}（MPa）	σ_{min}（MPa）	$\Delta\sigma_{max}$（MPa）	$\Delta\sigma_e$（MPa）	应力循环次数N（次）
4#（加劲肋竖向）	13.52	−306.02	319.54	192	92

结合前述测试结果，按照测试期间内的生产产量和至测试时点已完成生产总产量的关系，推算柱头已经历的疲劳循环次数和相对 2×10^6 次的等效应力幅，计算结果见表 9-10。根据《钢结构设计规范》GB 50017—2003 确定柱头加劲肋处为第 5 类构造连接形式，2×10^6 次的容许应力幅为 90MPa。由表 9-10 可以看出，D10 与 B11 柱头加劲肋处的疲劳验算不满足要求，评价结果与实际情况也是相符的。

柱头动态应力测试结果　　　　　　　　　　表 9-10

测试柱头位置	测试时应力循环次数	等效应力幅（MPa）	测试期间产量（t）	推算已经历的循环次数（次）	相对2×10^6次的等效应力幅（MPa）	结果
D10	97	166	6600	152.8×10^6	151.8	不满足
B11	92	192	6300	151.8×10^6	175.1	不满足

2. 计算及结果分析

用实体块单元构造出包括柱头、撑杆和吊车梁局部的有限元计算模型，如图 9-25 所示。吊车肢下端和平台柱上下两端的节点全部固定，吊车梁截面上的节点限制轴向位移，可在截面内移动。

吊车竖向荷载平均施加在截面腹板节点上，其总值为一台吊车作用下吊车梁最大支座反力。吊车水平荷载平均施加在截面上翼缘节点上，其总值为一台吊车的水平荷载在厂房柱处产生的最大水平力，吊车的水平荷载按《建筑结构荷载规范》GB 50009—2012 计算。

仅在吊车竖向荷载作用下计算得到的柱头竖向应力分布如图 9-26 所示，与实测应力的对比如图 9-27 和图 9-28 所示。从图中可以看出，加劲肋下端吊车肢翼缘内的竖向应力分布是不均匀的，靠近吊车一侧的应力较高，而另一侧的应力较低，正好与实际裂缝情况相对应，即裂缝均出现在吊车一侧。此截面上的应力计算值与实测值符合较好，说明这个计算模型能够反映加劲肋端部的受力状况。

B11 柱上部截面的应力计算值与实测值差别较大，这是由于该柱头顶上的垫板错位使柱头偏心受力所造成的结果，并且还造成加劲肋开裂。

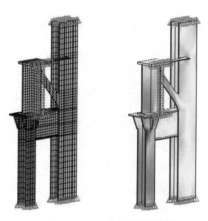

图9-25　柱头有限元模型

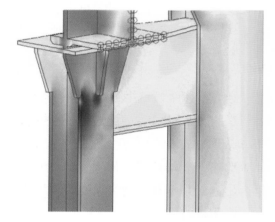

图9-26　柱头竖向应力分布

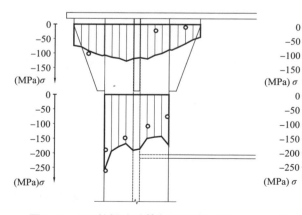

图9-27　B11柱柱头计算与实测应力对比

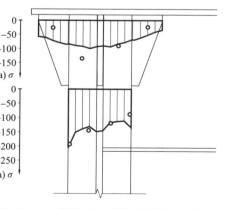

图9-28　D10柱柱头计算与实测应力对比

在计算分析中考虑了吊车竖向荷载与水平荷载的组合以及吊车梁端部支撑杆件构造情况。在不同情况下的两侧加劲肋下方柱肢翼缘上的竖向应力如表 9-11 所示。

加劲肋下方柱肢翼缘上的竖向应力（MPa） 表 9-11

梁端支撑 杆件情况	仅竖向荷载作用		竖向荷载加水平荷载（指向吊车）		竖向荷载加水平荷载（背向吊车）	
	吊车侧	另一侧	吊车侧	另一侧	吊车侧	另一侧
有水平杆有斜杆	−276.8	−180.6	−277.4	−180.7	−276.2	−180.6
无水平杆有斜杆	−304.9	−180.2	−306.0	−180.3	−303.8	−180.1
有水平杆无斜杆	−250.3	−244.4	−251.5	−243.4	−249.2	−245.4

从表 9-11 中可以看出，吊车水平荷载对柱头应力影响很小，主要是竖向荷载造成柱头上的应力。有斜撑杆无水平撑杆时（相当于水平撑杆断开后的情况），吊车侧的竖向应力增加约 10%，达到 −304.9MPa，已接近材料的屈服强度；而另一侧应力变化不大。有水平撑杆无斜撑杆时（这种情况与国内常用的构造方式接近），两侧应力相差不多，吊车侧的竖向应力减少约 10%。

一般来说有拉应力存在时才会出现疲劳裂缝，但实测和计算结果表明，在吊车荷载作用下，裂缝处只有压应力，说明裂缝处可能存在初始拉应力。能够造成初始应力的因素有两个，一是焊接残余应力，特别是柱翼缘和加劲肋较厚，均在 40mm 以上，对接焊缝体积较大，残余应力的数值和范围都会较大，且在翼缘边缘为残余拉应力；二是除吊车之外的其他荷载产生的初始应力。

为了计算荷载产生的初始应力，采用通用结构计算分析软件对一炼钢主厂房原料跨、转炉跨 11 轴线框架进行了计算，其中 B 轴 ~ D 轴间斜撑杆与框架铰接，A 轴下柱缀条与柱肢铰接，其余节点均为刚性连接。

所施加的荷载为结构自重、设备荷重和活荷载，均根据厂房结构计算书中的数据取值，不考虑荷载的分项系数，分考虑和不考虑活荷载两种情况分别计算，主要考察吊车肢上部杆件的变形和内力情况。

框架结构的变形如图 9-29 所示。对于厂房柱而言，吊车肢主要承受吊车荷载，屋盖肢主要承受屋盖传下来的荷载，由于厂房柱位于钢平台两侧，

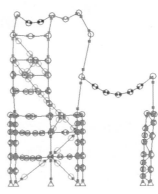

图9-29 框架整体结构变形

其除承受屋盖荷载外，还要承受钢平台上设备、管道、备品备件等荷载，而设备安装往往在厂房钢结构及平台施工安装后，在设备安装过程中就会导致厂房柱屋盖肢相对于吊车肢的下沉变形差，而肩梁与吊车肢、屋盖肢连接均为刚接，吊车肢与屋盖肢的差异沉降导致吊车肢柱头产生附件弯矩作用，从而在吊车肢柱头的加劲肋上产生附加的初始应力。

根据吊车肢的计算内力，用柱头应力有限元模型计算出的竖向应力分布如图9-30所示，应力值如表9-12所示。从表中可以看出，初始应力均为拉应力，D轴吊车肢的应力高于B轴。由于实际活荷载的情况变化加大，实际应力可能介于两种工况之间。

计算得到的柱头初始竖向应力（MPa）　　　　　　　　　　　　表9-12

荷载工况	B轴吊车肢		D轴吊车肢	
	最大值	加劲板端	最大值	加劲板端
自重+设备	20.4	15.7	29.4	22.0
自重+设备+活荷	36.6	26.8	67.8	49.9

图9-30　初始竖向应力分布

9.3.3　加固方案及实施

为显著降低吊车肢柱头的应力水平，采用整体加固的方式，如图9-31所示方案，增设加固板后显著降低应力幅（加固后柱头的应力分布如图9-33所示），延长疲劳寿命。图9-32为实际工程补强加固图。

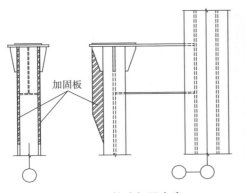

图9-31　柱头加固方案

图9-32　吊车肢柱头补强加固图

图9-33　柱头加固后竖向应力

9.3.4　小结

本节中吊车肢柱头出现比较严重的开裂现象，其主要原因有两个方面：

（1）在荷载作用下多层工作平台（包括厂房柱屋盖肢）整体下沉，但吊车肢由于没有荷载直接作用下沉很小，使得柱头处产生负弯矩，其产生的应力就是初始应力，在初始应力和往复荷载作用下导致吊车肢柱头开裂；

（2）吊车肢柱头原设计存在一定的设计缺陷，吊车肢由 H 型钢制作而成，而其竖向加劲肋比较短，是柱头局部应力集中，导致疲劳问题出现。

综合考虑，由于多层钢平台的安装必然在钢柱之后，其安装过程中产生的变形差不可避免，因此应从设计角度考虑，主要有两个思路：

（1）把吊车肢柱头局部加强，使其应力控制在适当水平；

（2）把厂房柱吊车肢和屋盖肢之间设计成柔性连接，避免两肢之间变形导致的附加应力，并适当加强吊车肢柱头。

参考文献

[1] 岳清瑞,佟晓利,张宁等.吊车梁圆弧端碳纤维加固施工技术方案与应用研究报告 [R].北京：国家工业建筑诊断与改造技术研究中心，2002.

[2] 岳清瑞、陈小兵、牟宏远.碳纤维材料（CFRP）加固修补混凝土结构新技术 [J].工业建筑，1998，28（11）：1-5.

[3] 岳清瑞、彭福明、杨勇新等.碳纤维加固钢结构有效粘结长度的试验研究 [A].中国土木工程学会、全国纤维增强塑料（FRP）及工程应用委员会.第三届全国 FRP 学术交流会议论文集 [C].中国土木工程学会、全国纤维增强塑料（FRP）及工程应用委员会，2004，4.

[4] 岳清瑞、曹劲松、杨勇新、赵颜.碳纤维布标准检测方法中试件尺寸影响的试验研究 [J].工业建筑，2005，8：1-4.

[5] 岳清瑞,任红春,严华峰,王发,徐麒.工业厂房钢结构可靠性评估软件的开发 [J].工业建筑，1998，6：14-16.

[6] 张宁、岳清瑞、佟晓利、赵颜、杨勇新、彭福明.碳纤维布加固修复钢结构粘结界面受力性能试验研究 [J].工业建筑，2003，5：71-73+80.

[7] 叶列平、崔卫、岳清瑞等.碳纤维布加固混凝土构件正截面受弯承载力分析 [J].建筑结构，2001，3：24-30.

[8] 彭福明、岳清瑞、郝际平等.碳纤维增强复合材料（CFRP）加固修复损伤钢结构 [J].工业建筑，2003，33（9）：7-10.

[9] 张宁、岳清瑞、杨勇新等.碳纤维布加固钢结构疲劳试验研究 [J].工业建筑，2004，34（4）：19-21.

[10] 杨勇新、岳清瑞、彭福明.碳纤维布加固钢结构的粘结性能研究 [J].土木工程学报，2006，10：1-5+18.

[11] 郑云、叶列平、岳清瑞.FRP 加固钢结构的研究进展 [J].工业建筑，2005，8：20-25+34.

[12] 张宁、岳清瑞、佟晓利等.碳纤维布加固修复钢结构粘结界面受力性能试验研究 [J].工业建筑，2003，5：71-73+80.

[13] 彭福明、岳清瑞、郝际平等.FRP 加固修复钢结构的荷载传递效果分析 [J].工业建筑，2005，8：26-30+109.

[14] 彭福明,岳清瑞,杨勇新等.FRP 加固金属裂纹板的断裂力学分析 [J].力学与实践，2006，3：34-39.

[15] 彭福明、张晓欣、岳清瑞等.FRP 加固金属拉伸构件的性能分析 [J].工程力学，2007，3：

189-192+137.

[16] 郑云，岳清瑞，陈煊等．碳纤维增强材料（CFRP）加固钢梁的疲劳试验研究 [J]. 工业建筑，2013，5：148-152.

[17] 幸坤涛，岳清瑞，刘洪滨．钢结构吊车梁疲劳动态可靠度研究 [J]. 土木工程学报，2004，8：38-42.

[18] 郑云，叶列平，岳清瑞等．CFRP 加固含疲劳裂缝钢板的有限元参数分析 [J]. 工业建筑，2006，6：99-103.

[19] 幸坤涛，刘洪滨，岳清瑞．在役钢结构吊车梁剩余疲劳寿命的可靠寿命评估 [J]. 工程力学，2004，3：101-105.

[20] 幸坤涛，岳清瑞．在役钢结构吊车梁上部区域破损原因分析及其疲劳可靠度研究 [J]. 工业建筑，2003，6：71-73.

[21] 常好诵．工业建筑钢结构疲劳测试、评估及加固研究 [D]. 天津大学，2014.

[22] 常好诵，姜忻良，李小瑞，黄新豪，杨建平，葛安祥．某炼钢厂房钢吊车梁疲劳性能测试及分析 [J]. 工业建筑，2011，9：127-130.

[23] 常好诵，姜忻良，杨建平，葛安祥．直角突变式吊车梁支座受力性能分析 [J]. 建筑结构，2012，3：72-74.

[24] 幸坤涛，杨建平，陈超，常好诵．吊车桁架铆接节点板疲劳强度验算 [J]. 建筑结构，2002，12：56-57.

[25] 杨建平，常好诵，幸坤涛，佟晓利，程海波，王发，周有淮．平台钢框架分离式柱的疲劳破坏 [J]. 建筑结构，2006，8：13-15.

[26] 杨建平，常好诵，王新泉，赵英杰，龙洁文，涂庆胜，李小瑞．钢柱吊车肢柱头的疲劳破坏 [J]. 建筑结构，2002，9：24-26.

[27] 杨建平，常好诵，王新泉等．钢柱吊车肢柱头的疲劳破坏 [J]. 建筑结构，2002，9：24-26.

[28] 郑云，叶列平等．CFRP 加固含疲劳裂纹钢板的有限元参数分析 [J]. 工业建筑，2006，6：99-103.

[29] 王文涛，俞国音．制动系统的刚度对桁架式钢吊车梁疲劳性能的影响 [J]. 工业建筑，1998，28（1）：31-33.

[30] 徐永春，何文汇．板厚对焊接接头疲劳强度的影响 [J]. 工业建筑，1989，19（1）：18-26.

[31] 刘洪滨，幸坤涛．基于累积损伤的在役钢结构吊车梁的疲劳可靠性评估 [J]. 工业建筑，2009，39（8）：111-113.

[32] 幸坤涛．在役钢结构吊车梁疲劳可靠性与安全控制研究 [D]. 大连：大连理工大学，2002.

[33] 李彪，彭铁红，杨勇新等．碳纤维布加固钢结构吊车梁施工技术 [J]. 施工技术，2015，4：32-35.

[34] 郑云．CFRP 加固钢结构疲劳性能的试验和理论研究 [D]. 清华大学，2007.

[35] 林志伸，惠云玲等．我国工业厂房混凝土结构耐久性的宏观调研 [J]. 工业建筑，1997，

27（6）：1–5.

[36] 廉杰 . 纤维增强复合材料加固钢结构用粘结剂疲劳性能试验研究 [J]. 工业建筑，2015，1：136–138+160.

[37] 杨建平 . 冶金工厂重级工作制钢吊车梁欠载效应等效系数的取值 [J]. 建筑结构，2009，1：78–79.

[38] 重庆钢铁设计研究院 . 工业厂房钢结构设计手册 [M]. 北京：冶金工业出版社，1980.

[39] 沈祖炎等 . 钢结构学 [M]. 北京：中国建筑工业出版社，2005.

[40] S Suresh. 材料的疲劳 [M]. 王中光等译 . 北京：国防工业出版社，1999.

[41] 刘昌杞 . 钢结构的疲劳和焊接吊车梁的裂缝开展形态 [J]. 工业建筑，1983，13（4）.

[42] 冯秀娟 . 均热炉车间钢吊车梁的疲劳破坏分析 [J]. 工业建筑，1985，15（3）.

[43] 李小瑞 . 实腹梁疲劳破坏及原因分析 [J]. 工业建筑，1996，26（5）：52–53.

[44] 郑廷银 . 钢吊车梁变截面支座的疲劳性能研究 [J]. 建筑结构，1997，27（6）.

[45] 童乐为，沈祖炎 . 正交异性钢桥面板疲劳验算 [J]. 土木工程学报，2000，33（3）.

[46] 郦正能 . 应用断裂力学 [M]. 北京：北京航空航天大学出版社，2012.

[47] 中华人民共和国建设部 . 钢结构设计规范 GB 50017—2003[S]. 北京，2003.

[48] 中华人民共和国建设部 . 工业厂房可靠性鉴定标准 GB 50144—2008[S]. 北京，2008.

[49] 中华人民共和国住房和城乡建设部 . 建筑结构荷载规范 GB 50009—2012[S]. 北京，2012.

[50] American Institute of Steel Construction. Specification for structural Steel Building[S]. Chicago，2010.

[51] American Association of State Highway And Transportation Officials.LRFD Bridge Design Specifications [S]. Washington DC，2007.

[52] European Committee for Standardization. Eurocode 3：design of steel structures[S]. 2005.

[53] The Architectural Institute of Japan. Design Standard for Steel Structure[S]. 2005.

[54] 姚卫星 . 结构疲劳寿命分析 [M]. 北京：国防工业出版社，2003.

[55] 陈传尧 . 疲劳与断裂 [M]. 武汉：华中科技大学出版社，2001.

[56] 李舜酩 . 机械疲劳与可靠性设计 [M]. 北京：科学出版社，2006.

[57] 中华人民共和国建设部 . 建筑结构可靠度设计统一标准 GB 50068—2001[S]. 北京，2002.

[58] Bogdanoff J L.A Mechanics cumulative damage model part I[J]. Journal of Applied Mechanics，1987，45（2）.

[59] 赵熙元，柴昶，武人岱 . 建筑钢结构设计手册 [M]. 北京：冶金工业出版社，1995.

[60]《钢结构设计手册》编辑委员会，钢结构设计手册 [M]. 北京：中国建筑工业出版社，2004.

[61] T. G. Gurney. 焊接结构的疲劳 [M]. 北京：机械工业出版社，1988.

[62] 中华人民共和国建设部 . 钢结构设计规范 GBJ 17—88[S]. 北京：中国计划出版社，1988.

[63] 中华人民共和国国家计划委员会 . 建筑结构设计统一标准 GBJ 68—84[S]. 北京，1984.

[64] 日本鋼構造協會. 鋼構造物の疲勞設計指針・同解説 [S]. 京都: 技報堂, 1993.

[65] Roberto Tovo. A damager based evaluation of probability density distribution for min-flow ranges from random processes[J], International Journal of Fatigue, 2000, Vol.22: 425-429.

[66] Xiulin Zhang. On some basic problems of fatigue research in engineer[J]. International Journal of Fatigue, 2001, Vol.23: 751-766.

[67] Weixing Yao, Binye, Lidumzheng. A verification of the assumption of auf fatigue design[J]. International Journal of Fatigue, 2001, Vol. 23: 271-277.

[68] Cyprian T. Lachomicz. Calculation of the elastic-plastic strain energy density under cyclic and random loading[J]. International Journal of Fatigue, 2001, Vol. 23: 643-652.

[69] Hot-spot stress evaluation of fatigue in welded structural connections supported by finite element analysis[J]. International Journal of Fatigue, 2000, Vol. 22: 85-91.

[70] Any s. Barth, Mark D. Bowman. Fatigue behavior of welded diaphragm to beam connections[J]. Journal of structural Engineering, ASCE, 2001, 10: 1145-1152.

[71] 贡金鑫, 赵国藩. 腐蚀环境下钢筋混凝土结构疲劳可靠度分析方法 [J]. 土木工程学报, 2000, 33 (6): 50-56.

[72] Zhao. Z, Haldar. A. Breen, F. L. Jr. Fatigue-reliability evaluation of steel bridges[J]. Journal of structural Engineering, ASCE, 1994, 120 (5): 1604-1623.

[73] Zhao. Z, Haldar. A. Breen, F. L. Jr. Fatigue-reliability updating through inspections of steel bridges[J]. Journal of structural Engineering, ASCE, 1994, 120 (5): 1624-1642.

[74] Miner M A. Cumulative Damage in Fatigue[J]. Journal of Applied Mechanics, 1945, 12 (3): A159-A164.

[75] Carton H T, Dolan T J. Cumulative Fatigue Damage[C]. International Conferrence on Fatigue of Metals, 1956.

[76] Freudenthal A M, Heller R A. On Stress Interaction in Fatigue and a Cumulative Damage Rule[J]. Journal of Aerospace Sciences, 1959: 431-442.

[77] Henry D L. A Theory of Fatigue Damage Accumulation in steel[J]. Trans ASME, 1955, 77: 913-918.

[78] M. T. Todinov. A probabilistic method for predicting fatigue life controlled by defects[J]. Materials Science and Engineering, 1998, A255: 117-123.

[79] 赵国藩. 工程结构可靠性理论与应用 [M]. 大连: 大连理工大学出版社, 1996.

[80] 德国标准化学会. DIN 4132 起重机走道. 钢结构. 计算、设计与制造原则 [S]. 1981.

[81] 德国标准化学会. DIN 15018—1 起重机钢结构验证和分析 [S].1984.

[82] Norris. T, Saadatmanesh. Shear and flexural strengthening of R/C beams with carbon fibre sheets[J]. Journal of Structural Engineering, 1997, 123 (7): 903-911.

[83] Osman H. E, Sreenivas A, Jonathan K.Application of FRP laminates for strengthening of a reinforced-concrete T-beam bridge structure[J]. Composite Structures, 2001, 52（3）: 453-466.

[84] Trent C. Miller, Michael J. Chajes, Dennis R. Mertz, Jason N. Hastings.Strengthening of a steel bridge girder using CFRP plates[J]. Journal of Bridge Engineering, 2001, 6（6）: 514-522.

[85] P. Colombi, A. Bassetti, A. Nussbaumer.Analysis of cracked steel members reinforce by pre-tress composite patch[J]. Fract Engng Mater Struct, 2003, 26: 59-66.

[86] M. Tavakkolizadeh, H. Saadatmanesh. Fatigue Strength of Steel Girders Strengthened with CFRP patch[J]. Journal Of Structural Engineering, 2003, 129（2）: 186-196.

[87] Tada. H, Paris. P. C, Irwin. G. R. The stress analysis of cracks handbook[M]. Del Research Corp, 1973.

[88] Ki-Hyun Chung, Won-Ho Yang. A study on the fatigue crack growth behavior of thick aluminum panels repaired with a composite patch[J]. Composite Structures, 2003, 60: 1-7.

[89] T. Ting, R. Jones, W. K. Chiu, I. H. Marshall, J. M. Greer.Composite repairs to rib stiffened panels[J]. Composite Structures, 1999, 47: 737-743.

[90] Chue, C. H, Chang, L. C, Tsai, J. S. Bonded Repair Of A Plate With Inclined Central Crack Under Biaxial Loading[J]. Composie Structures, 1994, 28（1）: 39-45.

[91] Henshell R. D, Shaw K. G. Crack tip finite elements are unnecessary[J]. International Journal for Numerical Mehods in Engineering, 1975, 9: 495-507.

[92] Broek D. Elementary engineering fracture Mechanics[M]. Nordhoff International Publishing, 1982.

[93] Elber, W. The significance of fatigue crack closure. ASTM STP 486, 1971: 230-242.

[94] P. J. Veers.Fatigue Crack Growth due to Random Loading[R]. Research Report, Sandia National Laboratory, SAND87-2039, 1987.

[95] Trent C Miller, Miehael J Chajes, Dennis R Mertz, et. al. Strengthening of Steel Bridge Girder Using CFRP Plates[J]. Journal of Bridge Engineering, 2001, 6（6）: 514-522.

[96] Katsuyoshi Nozaka. Repair of Fatigued Steel Bridge Girders with Carbon Fiber Strips（PhD's Dissertation）[M]: University of Minnesota, 2002.

[97] Majid Mohammed Ali Kadhim. Effect of CFRP plate length strengthening continuous steel beam[J]. Construction and Building Materials. 2012, 28: 648-652.

[98] Haider A. Al-Zubaidy, Xiao-Ling Zhao, Riadh Al-Mahaidi. Dynamic bond strength between CFRP sheet and steel[J]. Composite Structures. 2012, 94: 3258-3270.

[99] Zhao Z, Haldar A, Breen F L Jr, Fatigue Reliability Evaluation of Steel Bridges[J]. Journal of Engineering, ASCE, 1994, 120（5）: 1604-1623.

[100] Wirsching P H, Fatigue Reliability for Offshore Structures[J]. Journal of Engineering, ASCE, 1984, 110（10）: 2340-2356.

[101] 任嘉鼎. 支承 430t 吊车突变端支座钢吊车梁的改善设计 [A]. 中国金属学会，中国金属学会 2003 中国钢铁年会论文集（4）[C]. 中国金属学会，2003，4：122-127.

[102] 郑廷银，卢铁鹰. 几种钢吊车梁变截面支座抗疲劳性能的对比分析 [J]. 重庆建筑大学学报，1996，4：79-86.

[103] George A，Alers. Early detection of fatigue damage by resonant ultra-sonic sensors in steel components of bridges[J]. Asnt Fall Conference in Pittsburgh，97，10：43-46.

[104] Akira Kato. Detect ion of fatigue damage in steel using laser speckle[J]. Optics and lasers in Engineering，2000，34：223-225.

[105] M. L. Aggarwal. A stress approach model of prediction of fatigue life by shot peening of EN45A[J]. spring steel International Journal of Fatigue 2006，1845-1853.

[106] 卢铁鹰，赵清，卢平. 钢吊车梁直角式突变支座疲劳性能试验研究 [J]. 重庆建筑大学学报，1994，3：39-48.

[107] 施刚，张建兴. 高强度结构钢材 Q460D 的疲劳性能试验研究 [J]. 工业建筑，2014，3：1.

[108] 李莉，谢里阳，何雪浤. 疲劳加载下金属材料的强度退化规律 [J]. 机械强度，2010，6：967-971.

[109] 胡云昌，郭振邦. 结构系统可靠性分析原理及应用 [M]. 天津：天津大学出版社，1992.

[110] 江强，周细应，施蓓倩. 40Cr 钢的冲击疲劳性能及疲劳断口分析 [J]. 热加工工艺，2012，22：63-65.

[111] 钟群鹏. 断裂失效的概率分析和评估基础 [M]. 北京：北京航空航天大学出版社，2000.

[112] 赵国藩等. 结构可靠度理论 [M]. 北京：中国建筑工业出版社，2000.

[113] 罗大春. 某炼钢厂钢吊车梁的开裂分析与加固处理 [J]. 工业建筑，2012，S1：303-305.

[114] 綦宝晖，李江，蔡贤辉. 某钢厂桁架式吊车梁疲劳损伤评估 [J]. 工业建筑，2010，S1：935-938.

[115] Jaap Schijve. Fatigue of structure and materials[M]. Springer，2009.

[116] S. Suresh. Fatigue of Materials[M]. Cambridge University Press，1998.

[117] 王瑞杰，尚德广. 变幅载荷作用下点焊焊接接头的疲劳损伤 [J]. 焊接学报. 2007，9.

[118] Manson. S. S. Interfaces Between Fatigue Creep and Fracture[J]. Fracture.1966，2：51-56.

[119] 秦大同，谢里阳. 疲劳强度与可靠性设计 [M]. 北京：化学工业出版社.

[120] 竺中杰，高永寿. 裂纹塑性疲劳扩展分析 [J]. 航空学报，1988，9：A441-A444.

[121] T. D. Righiniotis，M. K. Chryssanthopoulos. Probabilistic fatigue analysis under constantamplitude loading[J]. Journal of Constructional Steel Research，2003，59：867-886.

[122] T. P. RICH，P. G. TRACY. Probabilitybased fracture mechanics for impact penetration damage[J]. International Journal of Fracture，1997，8：409-430.

[123] Kachanov，L. M Time of the rupture process under creep condition[J]. YVZA kad. Nauk. S. S. R.

Otd.Tech.Nauk.1958，8.

[124] Li Z X，Chan T H T，Ko J M.Fatigue damage model for bridge under traffic loading：application made to Tsing Ma Bridge[J]. Theoretical and Applied Fracture Mechanics，2001，35：81-91.

[125] C. L. CHOW，Y. WEI. A model of continuum damage mechanics for fatigue failure[J]. International Journal of Fracture，1991，50：310-316.

[126] 田锡唐 . 焊接结构 [M]. 北京：机械工业出版社，1982.

[127] T·R·格尔内 . 焊接结构疲劳 [M]. 周殿群译 . 北京：机械工业出版社，1988.

[128] D.Radaj，C. M. Sonsino，W. Fricke. Recent developments in local concepts of fatigue assessment of welded joints[J]. International Journal of Fatigue 2009，31：2-11.

[129] Dieter Radaj，Design and analysis of fatigue resistant welded structures[M]. Woodbead Publishing Ltd，Abington，Cambridge，1990.

[130] Rice J R，Levy N. The part-through surface crack in an elastic Plate[J]. ASME Journal of Applied Mechanics，1972，39：184-194.

[131] DM Parks. The lnelastic line-spring：estimates of elastic-plastic fracture mechanics parameters for surface-cracked plates and shells[J]. Trans. ASME Journal of Pres.Ves.Tech,1981,103（3）：246-254.

[132] Shih C F，Hutchinson J W.Combined loading of a fully plastic ligament ahead of an edge-crack[J].ASME Journal of Applied Mechanics，1986，53：271-277.

[133] Dong P. A structural stress definition and numerical implementation for fatigue analysis of welded joints[J].Intemational Journal of Fatigue，2001，23（9）：865-876.

[134] TaylorD.，Barrett N.，LucanoG. Some new method for predicting fatigue in welded joint[J]. International Journal of Fatigue，2002，24（5）：509-515.

[135] 郑山锁，郭锦芳等 . 采用斜撑加固钢吊车梁的设计分析与现场动测试验研究 [J]. 建筑结构学报，2002，4：90-96.

[136] 雷宏刚，付强，刘晓娟等 . 中国钢结构疲劳研究领域的 30 年进展 [J]. 建筑结构学报（增刊 1），2010，s1：84-91.

[137] 沈祖炎 . 中国《钢结构设计规范》的发展历程 [J]. 建筑结构学报，2010，31（6）：1-6.

[138] 罗邦富 . 新订《钢结构设计规范》GBJ 17—88 内容介绍 [J]. 钢结构，1989，1：1-19.

[139] 姚兵 . 钢结构行业科学发展的十大课题 [J]. 建筑，2011，4：6-12.

[140] 房屋建筑学 [M]. 北京：中国建筑工业出版社，2006.

[141] 董罗燕 . 快速掌握轻钢结构识图及算量方法研究 [J]. 价值工程，2013，13：246-247.

[142] 郑淳 . 基于断裂力学的公路钢桥疲劳寿命可靠度方法研究 [D]. 华南理工大学，2013.

致谢

特别感谢在钢吊车梁系统疲劳诊治研究过程中 赵国藩 院士、叶列平教授、姜忻良教授的无私帮助，感谢惠云玲教授级高工、杨建平教授级高工、曾滨教授级高工对研究工作的支持和对书稿的审阅，感谢团队成员杨勇新博士后、常好诵博士、赵晓青博士、邱桂博博士所做的大量工作！

著　者
2017 年 2 月